Tuncay KARAKURT
Neslihan ÖZBEK

EFEITO DOS DERIVADOS DE IMINA NA CONDUTIVIDADE DO DNA E NO RECEPTOR 3CLPRO

Tuncay KARAKURT
Neslihan ÖZBEK

EFEITO DOS DERIVADOS DE IMINA NA CONDUTIVIDADE DO DNA E NO RECEPTOR 3CLPRO

ScienciaScripts

Imprint

Cover image: www.ingimage.com

This book is a translation from the original published under ISBN 978-3-659-81471-6.

Publisher:
Sciencia Scripts
is a trademark of
Dodo Books Indian Ocean Ltd. and OmniScriptum S.R.L publishing group

120 High Road, East Finchley, London, N2 9ED, United Kingdom
Str. Armeneasca 28/1, office 1, Chisinau MD-2012, Republic of Moldova, Europe
Managing Directors: Ieva Konstantinova, Victoria Ursu
info@omniscriptum.com

Printed at: see last page
ISBN: 978-620-8-39798-2

ÍNDICE DE CONTEÚDOS

RESUMO

Neste estudo, foram sintetizados és*teres* originais *de piperazina* e derivados *de piperazinhidrazona*. Toda a estrutura, LC-MS, FT-IR,^{1} H-NMR,^{13} C-NMR e análises elementares foram determinadas. As propriedades da estrutura molecular dos compostos sintetizados *1,4-piperazinedi butyricacid, 1,4-diethylester (PBüEs)* e *1,4-piperazinedi butyricacid, 1,4-dihydrazide* (*PBüHy*) e as suas interações com o recetor da proteína 8IGY foram estudadas em profundidade utilizando métodos teóricos e de química computacional. As optimizações geométricas, os mapas de potencial eletrostático molecular (MEP), as distribuições de carga Mulliken e as propriedades dos orbitais moleculares de fronteira (HOMO-LUMO) das moléculas foram calculados no âmbito da Teoria do Funcional da Densidade (DFT), utilizando o funcional B3LYP e o conjunto de bases 6-31G(d). Estas análises forneceram informações importantes para determinar os locais de reatividade, as distribuições electrostáticas e a estabilidade química das moléculas. Foram realizadas simulações de docking molecular e de dinâmica molecular para avaliar as interações dos compostos *PBüEs* e *PBüHy* com o recetor 8IGY. Os estudos de docking foram utilizados para determinar as posições de ligação e as afinidades de ligação das moléculas ao sítio ativo do recetor. Os resultados revelaram que o co-ligando tinha a afinidade de ligação mais forte (-8,8 kcal/mol) ao recetor 8IGY, enquanto *o PBüHy* (-6,0 kcal/mol) e *os PBüEs* (-5,3 kcal/mol) apresentavam energias de ligação mais baixas. Estes resultados apoiam a presença de várias interações, tais como ligações de halogéneo e uma extensa rede de ligações de hidrogénio, que permitem uma forte ligação do co-ligando ao recetor. Foram efectuadas simulações de dinâmica molecular para estudar a estabilidade ao longo do tempo das posições de ligação obtidas por docking e para avaliar a flexibilidade das moléculas no recetor. As simulações dinâmicas permitiram-nos observar em que posição e durante quanto tempo as moléculas permanecem estáveis após a ligação ao sítio ativo do recetor, fornecendo assim uma visão mais aprofundada da estabilidade da ligação das moléculas. Desta forma, as interações de *PBüEs*, *PBüHy* e co-ligando no recetor 8IGY foram comparadas em termos de dinâmica molecular e confirmou-se que o co-ligando forma um complexo mais estável com o recetor, enquanto *PBüHy* e *PBüEs* mantêm as suas posições estáveis no recetor através de várias interações electrostáticas e hidrofóbicas. Para além de avaliar as interações e a estabilidade da ligação com a estrutura de ADN-B que apresenta a sequência "CGGATCGATTCGAGG", este estudo explora também os efeitos dos ligandos *PBüEs* e *PBüHy* adicionados à estrutura de ADN-B na sua condutividade eléctrica. Compreender como as adições moleculares como *PBüEs* e *PBüHy* alteram as propriedades de condutividade do ADN é particularmente importante para aplicações em biossensores e eletrónica molecular. Os cálculos deste estudo permitem compreender como as modificações dos ligandos afectam o comportamento da condutividade do ADN, abrindo potencialmente novas vias para a utilização do ADN como material funcional em nanotecnologia e bioelectrónica.

INTRODUÇÃO

As aminas são grupos funcionais da química orgânica que contêm uma ligação dupla entre um átomo de carbono e um átomo de azoto. Estas estruturas desempenham papéis importantes nos sistemas biológicos e têm funções particularmente críticas na estrutura das proteínas, nas funções enzimáticas e nas interações biomoleculares. Seguem-se alguns pontos básicos sobre os papéis biológicos das iminas:

1. Papel nas reacções enzimáticas

As iminas desempenham um papel como intermediários reactivos ou blocos de construção transitórios em reacções enzimáticas. As bases de Schiff (um tipo de imina), em particular, são frequentemente vistas como intermediários transitórios nos mecanismos catalíticos das enzimas. Por exemplo, nas reacções de transaminação catalisadas por enzimas aminotransferases, as bases de Schiff funcionam como um intermediário importante no transporte de grupos amina [1].

2. Vitamina B6 e Bases de Schiff

O fosfato de piridoxal (PLP), um derivado da vitamina B6, é uma coenzima importante no metabolismo dos aminoácidos. O PLP reage com aminoácidos para formar bases de Schiff, um dos principais exemplos de iminas biológicas. Esta estrutura é necessária para várias reacções dos aminoácidos, como a descarboxilação, a transaminação e a racemização [2].

3. Papel na sinalização celular

As iminas podem estar envolvidas na formação de algumas moléculas de sinalização nos mecanismos de sinalização celular. Por exemplo, os derivados de imina resultantes da desaminação oxidativa de aminas biogénicas (dopamina, serotonina, etc.) actuam como reagentes em várias vias bioquímicas [3].

4. Papel funcional na estrutura das proteínas

As iminas também podem ser encontradas nas estruturas das proteínas. O aminoácido prolina tem uma estrutura única que contém um grupo imina, que normalmente forma beta-voltas nas proteínas e contribui para a estabilidade da estrutura tridimensional das proteínas. Esta propriedade da prolina contribui para a ordem de dobragem e a integridade estrutural das proteínas [4].

5. Efeitos mutagénicos no ADN e no ARN

- As iminas podem por vezes causar mutações ao interagirem com ligações covalentes nas estruturas do ADN e do ARN. Em particular, algumas substâncias cancerígenas causam efeitos mutagénicos e genotóxicos através da ligação de iminas às bases do ADN [5].

6. *Efeitos antioxidantes*

Alguns derivados de iminas podem apresentar propriedades antioxidantes que reduzem o stress oxidativo. Esta propriedade levou ao estudo de estruturas de iminas, especialmente as capazes de neutralizar radicais livres, como potenciais agentes terapêuticos na investigação biomédica [6, 7].

Estas funções das iminas permitem-lhes ter uma vasta gama de efeitos na bioquímica e na biologia molecular. Em particular, desempenham papéis críticos na atividade enzimática e na manutenção das estruturas celulares. Por conseguinte, as iminas são de grande interesse na investigação biológica e farmacêutica.

1. EXPERIMENTAL

1.1. Materiais

A piperazina, o hidrato de hidrazina, o etil-4-clorobutirato e o carbonato de potássio foram adquiridos a fontes comerciais (Sigma-Aldrich Chemical Company (EUA), Acros Organics, Merck). Os solventes foram submetidos a procedimentos de secagem de acordo com protocolos normalizados. Todos os produtos químicos e solventes utilizados na síntese eram de qualidade analítica.

1.2. Medições físicas

Os produtos químicos utilizados foram adquiridos à Merck (com elevado grau de pureza). Os espectros de FT-IR foram registados num espetrómetro Bruker Tensor 37 FT-IR em KBr.[1] Os espectros de ressonância H-NMR e[13] C-NMR foram registados num espetrómetro Bruker DPX-400, 400 MHz High-Performance Digital FT-NMR Spectrometer utilizando DMSO d_{-6} . todos os valores de deslocamento químico. Os espectros de massa de alta resolução foram registados com Agilent Technologies 6224 TOF LC/MS e 6530 Accurate Mass QTOF LC/MS, método de ionização - ESI. Os pontos de fusão foram determinados em tubos capilares abertos utilizando um aparelho Buchi B-540. As análises elementares foram efectuadas com um aparelho de análise de elementos modelo LECO-CHSNO-9320. Todas as reacções foram conduzidas sob agitação magnética e monitorizadas através de cromatografia em camada fina (TLC) utilizando gel de sílica Merck, com visualização sob luz ultravioleta.

1.3. Síntese

1,4-piperazinedi butírico, éster 1,4-dietil (PBüEs)

O éster 1,4-dietil do ácido 1,4-piperazinodi butírico foi preparado de acordo com um método da literatura [8]. 2,6 g, 29,6 mmol de solução de piperazina dissolvida em 20 mL de THF foram adicionados a 9,09 g 59,2 mmol de 4-clorobutanato de etilo e 4,09 g 29,6 mmol de carbonato de potássio dissolvidos em 20 mL de THF. Aqueceu-se (50° C) com agitação durante 30 minutos. Após um curto período de tempo, os cristais brancos começaram a precipitar e, para completar a precipitação, foram refluxados a 50° C durante 1 dia e mantidos no congelador durante 1 dia. Após cristalização a partir de THF, os cristais em forma de agulha formados foram filtrados, lavados com éter e o filtrado foi deixado a secar numa estufa a 50 °C e colocado num exsicador. Os resultados da análise elementar são apresentados na Tabela 1 e na Figura 1,2. Rendimento: 70-72%, e.n: 215-217^0 C, Peso molecular: 314,0 g/mol;

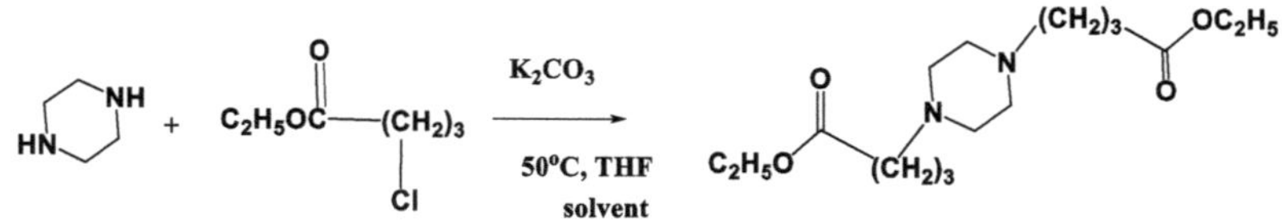

1,4-di-hidrazida do ácido 1,4-piperazinodi butírico (PBüHy)

O ácido 1,4-piperazinodi butírico, 1,4-dihidrazida B foi preparado de acordo com um método da literatura [9]. O 1,4-piperazinodi butírico, éster 1,4-dietílico (2,1 g, 6,7 mmol) em etanol (20 mL) foi adicionado gota a gota a uma solução de hidrato de hidrazina (3,0 mL) em etanol, enquanto a temperatura foi mantida entre 268-273 K. A mistura foi agitada durante 24 horas, enquanto a conclusão da reação foi monitorizada por TLC e, em seguida, o solvente foi evaporado. O composto bruto incolor foi purificado em etanol/água (3:1) por cromatografia em coluna e, em seguida, o produto foi recristalizado a partir de uma mistura de etanol/água (3:1). Os resultados da análise elementar são apresentados na Tabela 1 e nas Figuras 3-4. Rendimento: 77-79%, e.n: 232-237^0 C, Peso molecular: 286,38 g/mol;

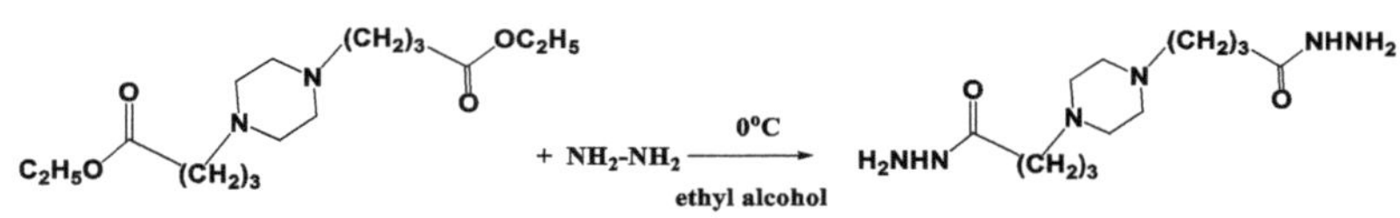

Tabela 1. Dados da análise elementar de todos os compostos

Comp.	**Fórmula química**	**C%**		**H%**		**N%**		**O%**	
		Exp.	**Calc.**	**Exp.**	**Calc.**	**Exp.**	**Calc.**	**Exp.**	**Calc.**
PBüEs		60.35	61.12	9.88	9.62	8.99	8.91	20.22	20.35
PBüH		50.44	50.33	9.28	9.15	30.0	29.35	11.03	11.17

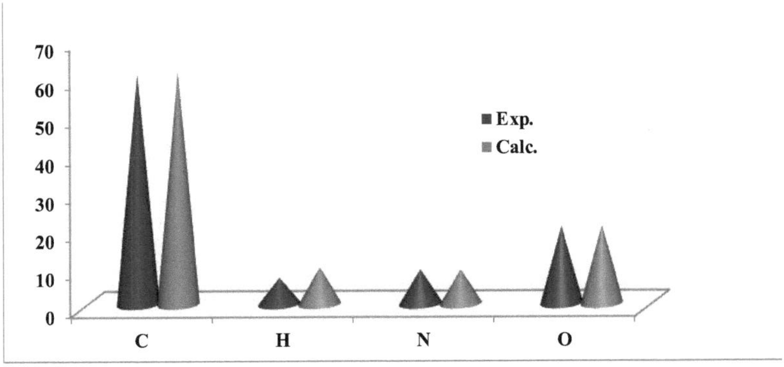

Figura 1. Dados da análise elementar dos ***PBüEs***

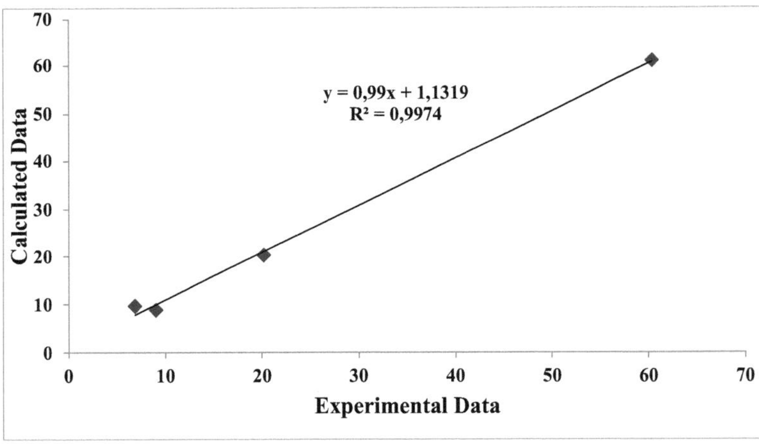

Figura 2. Gráfico da análise elementar calculada vs. experimental de *PBüEs*

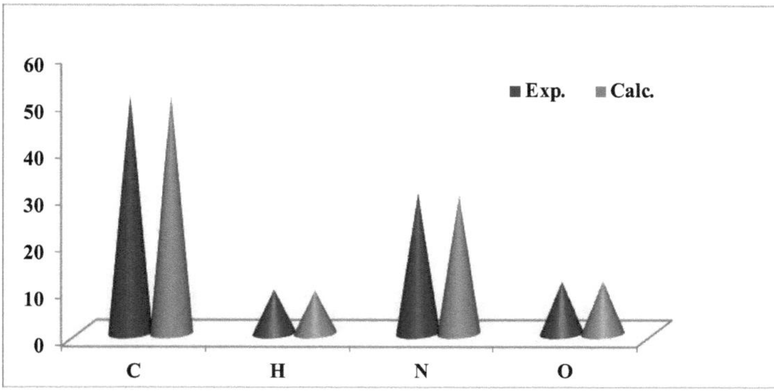

Figura 3. Dados da análise elementar de ***PBüHy***

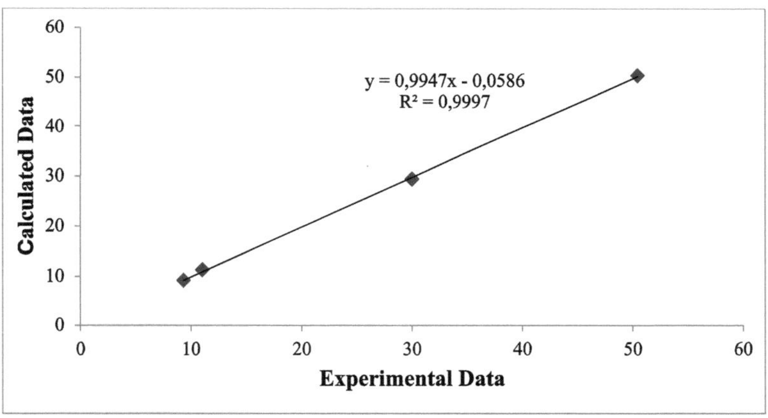

Figura 4. Gráfico da análise elementar calculada vs. experimental do *PBüHy*

1.4. Espectros FTIR de *PBüEs e PBüHy*

Os espectros FT-IR do *PBüEs* e do *PBüHy* são apresentados nas Figuras 5-6, respetivamente. Como se pode ver na Figura 5, os números de onda de algumas vibrações fundamentais observadas no espetro FT-IR do composto *PBüEs* são os seguintes: A vibração de estiramento υs(alifático) foi observada em torno de 2907-3002 cm^{-1} , e a vibração de estiramento υs(CO) foi observada em torno de 1606 $cm.^{-1}$

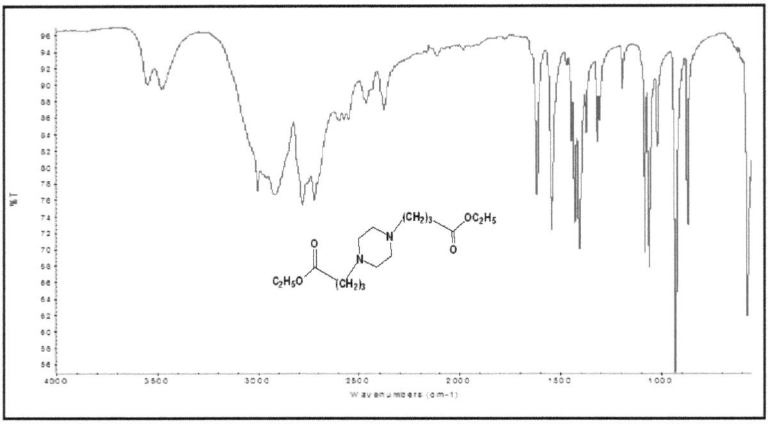

Figura 5. Espectro FT-IR de *PBüEs*

Como se pode ver na Figura 6, os números de onda de algumas vibrações fundamentais observadas no espetro de FT-IR do composto *PBüHy* são os seguintes:υ as(NH2) vibração de estiramento assimétrico é forte a 3286 cm ,$^{-1}$υ s(NH2) vibração de estiramento simétrico é a 3236 cm^{-1} intensidade moderada,υ as(CH3) vibração dá intensidade moderada a 2920 cm^{-1} , eυ s(amida) vibração de flexão dá bandas severas a 1660 cm .$^{-1}$

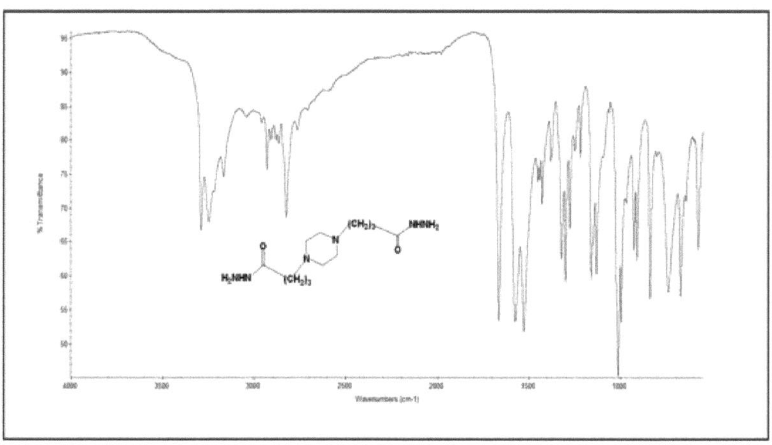

Figura 6. Espectro FT-IR do *PBüHy*

1.5. Espectros LC-MS de *PBüEs e PBüHy*

Os espectros LC-MS de *PBüEs* e *PBüHy* são apresentados nas Figuras 7-8, respetivamente. O padrão de fragmentação é ilustrado no Esquema 1-2.

Os espectros de massa dos *PBüEs* dão o pico do ião molecular [MH^+] a m/z (intensidade%) = 315,22(100%). A remoção de dois 4-clorobutanatos de etilo (C12H28O4+ 2H) dá um pico a 235,18 (31%) e o grupo piperazina residual dá um pico a 80,1 (10,4%).

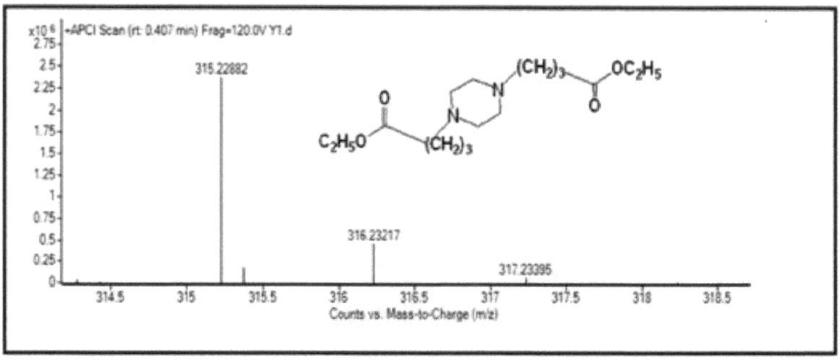

Figura 7. Espectro LC-MS de *PBüEs*

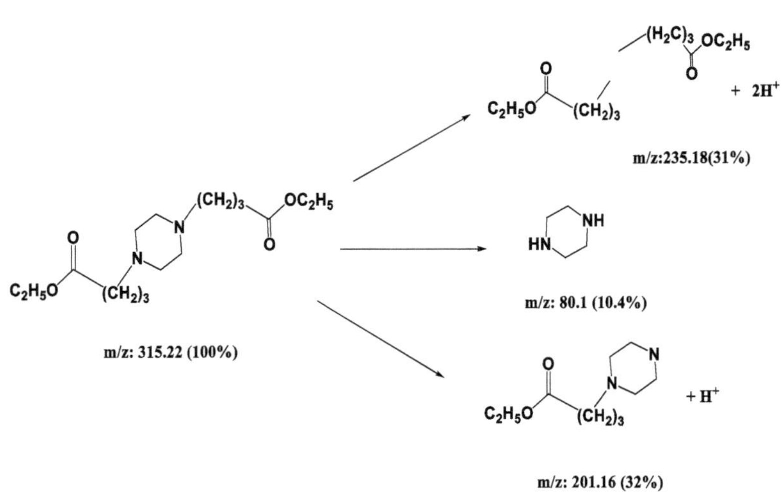

Sheme 1. As etapas de fragmentação dos *PBüEs*

Os espectros de massa do *PBüHy* dão o pico do ião molecular [MH^+] a m/z (intensidade%) = 287,21(100%). A remoção dos derivados de piperazina (C6H13N2) dá um pico a 113,11 (33%) e o grupo hidrazoneamida dá um pico a 129,11 (29%).

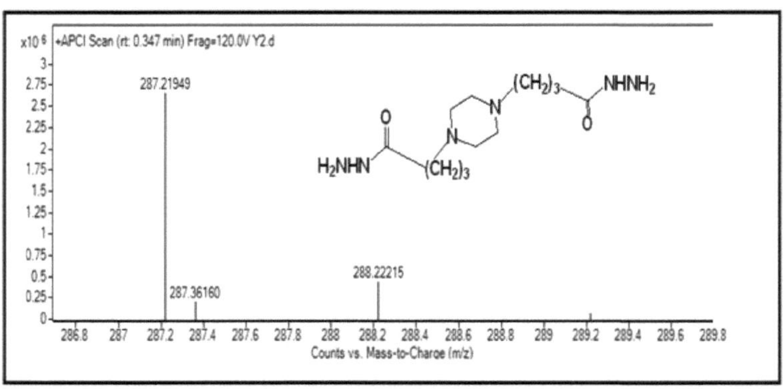

Figura 8. Espectro LC-MS de *PBüHy*

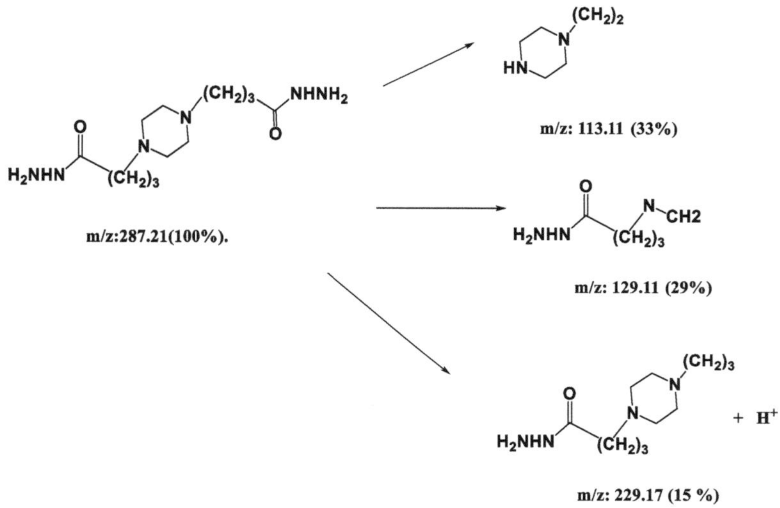

Esquema 2. As etapas de fragmentação do *PBüHy*

1.6. Espectros de RMN de *PBüEs e PBüHy*

Os desvios químicos experimentais de[13] C e[1] H NMR, juntamente com os dados calculados para os conformes estáveis de *PBüEs* e *PBüHy*, são apresentados na Tabela 2. [13]Os espectros de RMN de C e[1] H do *PBüEs* e do *PBüHy* são apresentados nas Figuras 9(a,b)-12.

Tal como na Figura 9a, b-11a, a molécula estudada (*PBüEs)* apresenta sete átomos de carbono diferentes. A caraterística do espetro de RMN[13] permite atribuir 21,79 ppm a CH3-C, 31,88 ppm a CH2-C, 41,82 ppm a piperazina -C, 57,00 ppm a CH2-O, calculados como 11,27 ppm, 4,29 ppm, 22,29 ppm e 50,35 ppm, respetivamente. Do mesmo modo,[1] HNMR espetro na Figura 12-14a, os picos cruzados como tripleto a 1,64 ppm e como quarteto a 8,80 ppm são atribuídos a protões de H2 C e H3 C, respetivamente.

Tal como na Figura 10a-b-11b, a molécula estudada *(PBüHy)* apresenta cinco átomos de carbono diferentes. A caraterística do espetro de[13] CNMR é a atribuição de 160,33 ppm a C=O, 14,59 ppm a CH2-C, 38,19 ppm a piperazina -C, calculada como 175,61 ppm, 12,08 ppm, 42,72 ppm, respetivamente. Do mesmo modo,[1] HNMR spectrum in Figure 13-14b, H4, H5, H6 and H7 protons appeared at 1.90 ppm, 1.63 ppm, 2.26ppm and 2.48 ppm were calculated as 1.87 ppm, 1.67 ppm, 2.23 ppm, and 2.44 ppm, respectively.

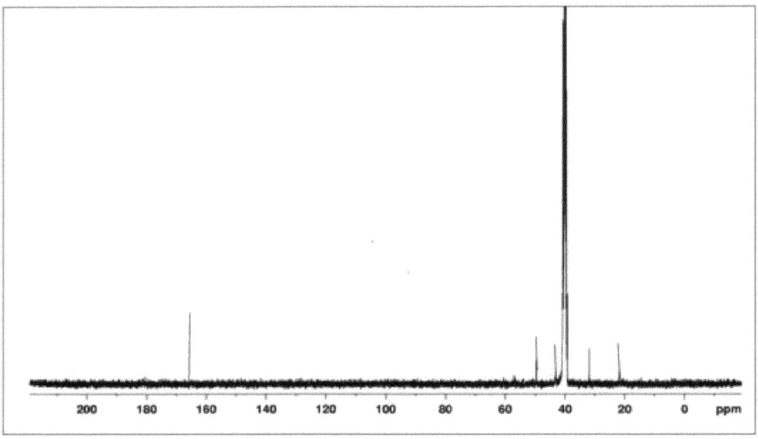

Figura 9 a.[13] Espectro de RMN de C da molécula *de PBüEs*

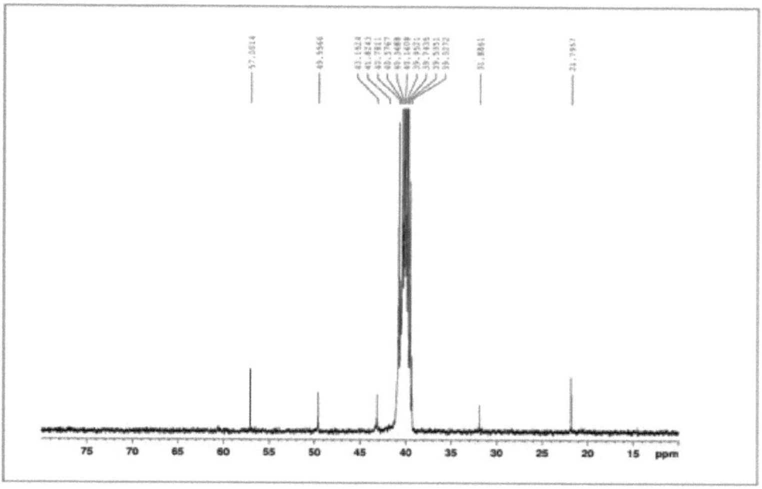

Figura 9 b.[13] Espectro de RMN de C da molécula *de PBüEs* (80-10 ppm)

Tabela 5. Os dados[13] CNMR para as moléculas *PBüEs* e *PBüHy* em ppm (em *d6 -DMSO*)

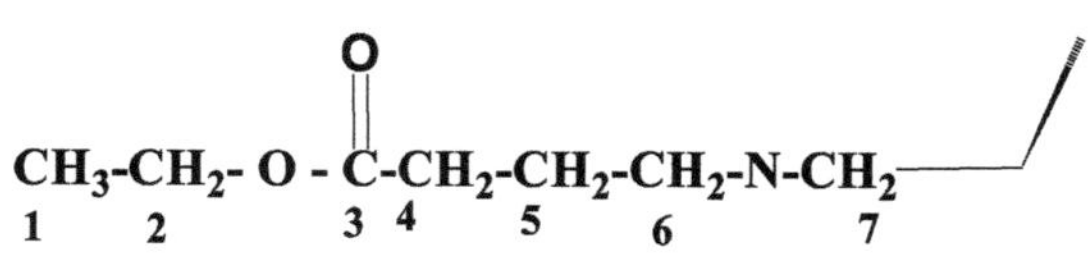

Atribuir.	*PBüEs*		*PBüHy*	
	δ(exp)	*δ(calc.)*	*δ(exp)*	*δ(calc.)*
C1	**21.79**	11.27		
C2	**57.00**	50.35		
C3	**165.25**	169.15	**160.33**	175.61
C4	**41.82**	22.29	**21.80**	20.98
C5	**31.88**	4.9	**14.59**	12.08
C6	**49.55**	46.55	**49.55**	48.27
C7	**43.15**	41.55	**38.19**	42.72

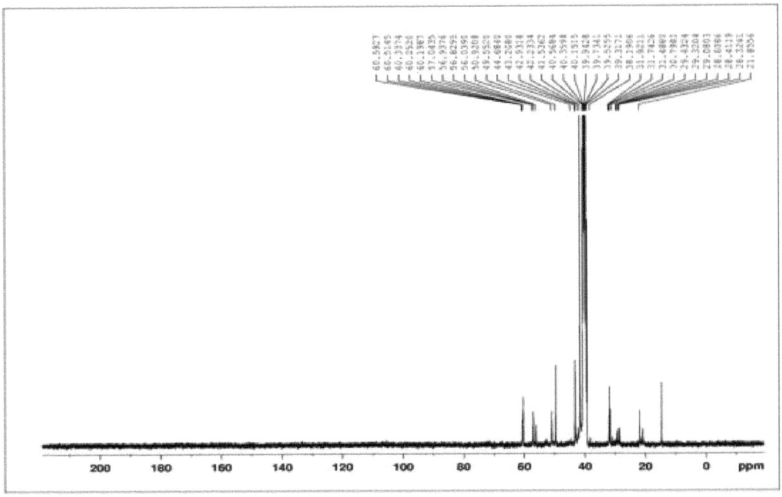

Figura 10 a.^{13} Espectro de RMN de C da molécula *PBüHy*

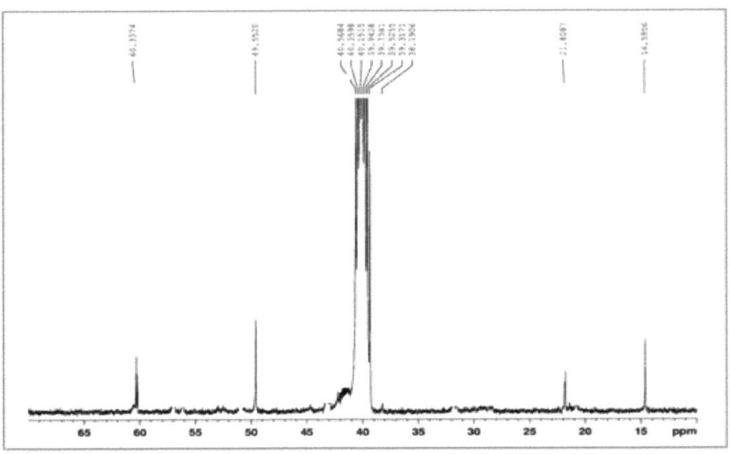

Figura 10 b.^{13} Espectro de RMN de C da molécula *PBüHy* (10-70 ppm)

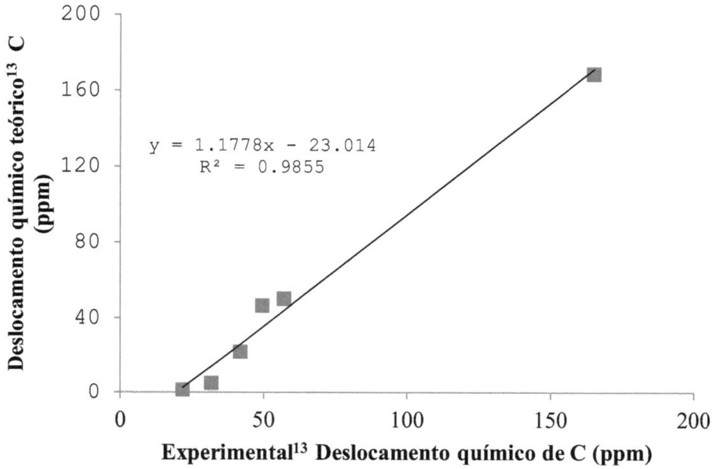

(a)

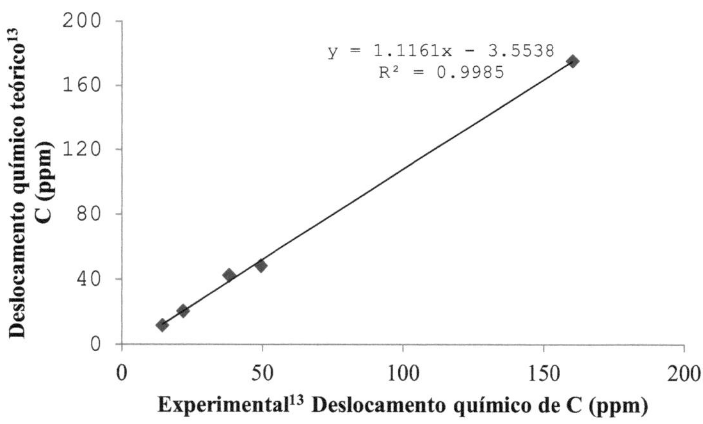

(b)

Figura 11. Gráfico dos desvios químicos calculados vs. experimentais[13] C- NMR δ *(ppm)* para a) moléculas *PBüEs* b) moléculas *PBüHy*

Tabela 5. Os dados[1] HNMR para as moléculas *PBüEs* e *PBüHy* em ppm (em *d6* -DMSO)

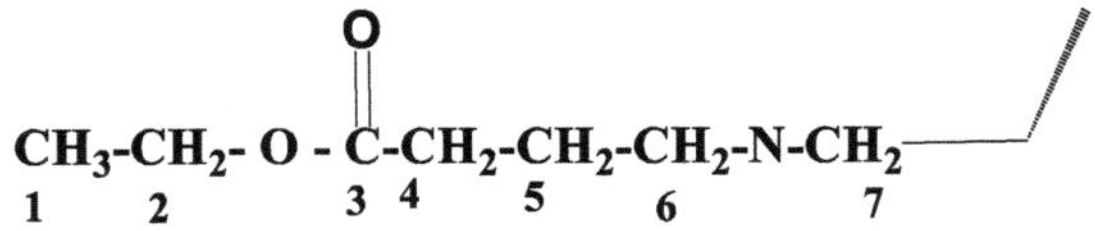

Atribuir.	*PBüEs*		*PBüHy*	
	δ(exp)	*δ(calc.)*	*δ(exp)*	*δ(calc.)*
H1	**1.64**	1.17	-	-
H2	**8.80**	4.29	-	-
H4	**2.50**	2.26	**1.90**	1.87
H5	**2.22**	1.7	**1.63**	1.67
H6	**3.38**	2.7	**2.26**	2.23
H7	**3.10**	2.62	**2.48**	2.44
NH	-	-	**8.50**	6.57
NH2	-	-	**4.07**	3.14

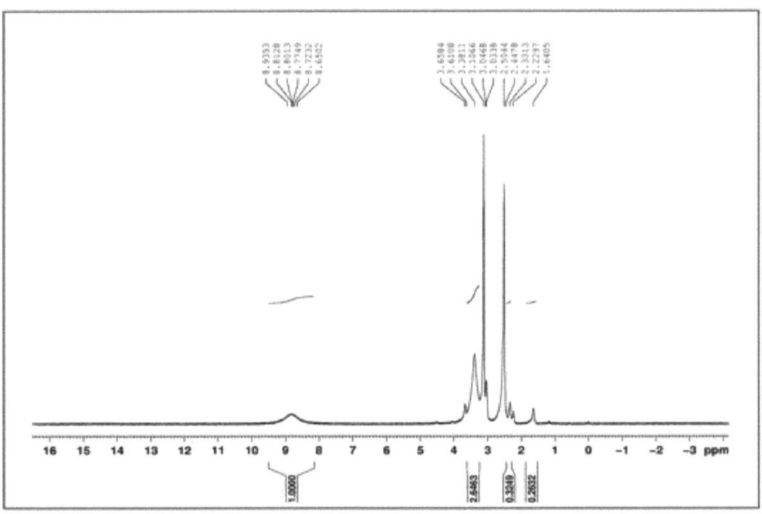

Figura 12:[1] H Espectro de RMN da molécula *de PBüEs*

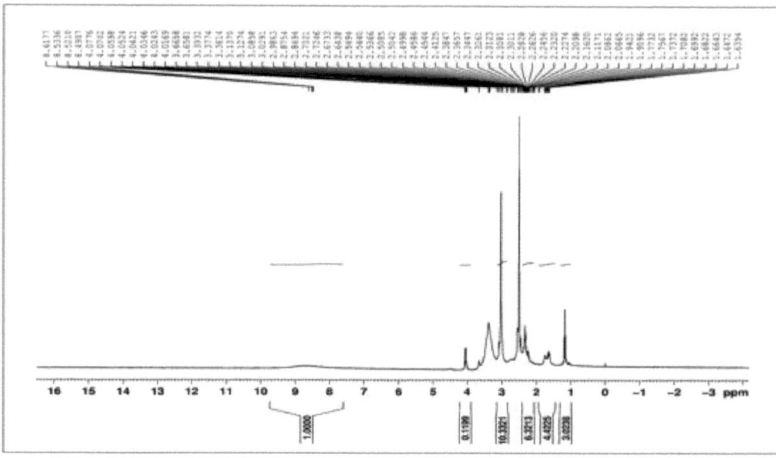

Figura 13:[1] H Espectro de RMN da molécula *PBüHy*

2. CÁLCULOS TEÓRICOS

2.1. Método

Neste estudo, foram utilizados métodos teóricos e de química computacional para estudar as interações dos compostos *PBüEs* e *PBüHy* com o recetor 8IGY. O objetivo e as referências de cada programa são apresentados em pormenor a seguir:

2.1.1. Otimização Geométrica de Moléculas

As optimizações geométricas foram efectuadas utilizando o software Gaussian 09 [10]. O Gaussian 09 é um software amplamente utilizado para encontrar conformações de baixa energia de moléculas e estudar a sua reatividade química. Neste estudo, o funcional B3LYP [11, 12] e o conjunto de bases 6-31G(d) [13] foram utilizados no âmbito da Teoria do Funcional da Densidade (DFT). Os resultados da otimização geométrica desempenharam um papel importante na determinação dos comprimentos de ligação, ângulos de ligação e outros parâmetros estruturais das moléculas.

2.1.2. Estudos de docagem molecular

O software PyRx [14] foi utilizado para determinar a afinidade e a propensão de ligação dos ligandos ao sítio ativo do recetor 8IGY. O PyRx é uma plataforma baseada no AutoDock Vina que permite avaliar rapidamente as posições de ligação e as afinidades das moléculas. Neste estudo, foi calculada a energia de ligação para cada ligando e verificou-se que o co-ligando tinha a maior afinidade de ligação ao recetor.

2.1.3. Visualização e análise da interação

O Discovery Studio Visualizer [15] foi utilizado para a análise pormenorizada e a visualização das estruturas bi e tridimensionais dos complexos proteína-ligando. O Discovery Studio é uma plataforma abrangente para analisar os pormenores das interações proteína-ligando, tais como ligações de hidrogénio, interações hidrofóbicas, ligações de halogéneo e interações electrostáticas.

2.1.4. Simulações de dinâmica molecular

As simulações de dinâmica molecular foram efectuadas utilizando o GROMACS [15] para avaliar a estabilidade dos resultados de acoplamento molecular ao longo do tempo e a flexibilidade dos complexos recetor-ligando. O GROMACS é um programa de simulação de dinâmica molecular amplamente utilizado para analisar os movimentos, a estabilidade estrutural e as propriedades dinâmicas dos complexos proteína-ligando

2.2. Análise de conformação e estudo de varrimento da superfície de energia potencial (PES)

Este estudo detalha a análise conformacional obtida a partir de uma análise da superfície de energia potencial (PES) efectuada utilizando o método AM1 (Austin Model 1) [16] no programa Gaussian. Nesta análise realizada em duas moléculas diferentes, foi identificado um total de sete pontos mínimos globais, tendo sido obtida uma única estrutura estável após a otimização destes pontos com o método da Teoria do Funcional da Densidade (DFT).

O que é a Superfície de Energia Potencial (PES)?

A superfície de energia potencial é uma superfície multidimensional que ilustra a forma como os níveis de energia de uma molécula variam de acordo com as posições dos seus átomos. Ao revelar a relação entre as energias de diferentes conformações, a PES permite a identificação das estruturas mais estáveis. É uma ferramenta essencial para simulações de dinâmica molecular e análises conformacionais, fornecendo informações essenciais sobre a estabilidade, a reatividade e as propriedades físicas das moléculas [17, 18]

2.2.1. Cálculo do PES com o método AM1

O método AM1 é uma técnica de química quântica semi-empírica, particularmente favorável à obtenção de resultados rápidos em cálculos energéticos de moléculas grandes. Este método utiliza um modelo paramétrico calibrado com dados experimentais para prever a distribuição eletrónica e os níveis de energia das moléculas

Neste estudo, foi efectuada uma análise da superfície de energia potencial em duas moléculas utilizando o método AM1 (Figura 14).

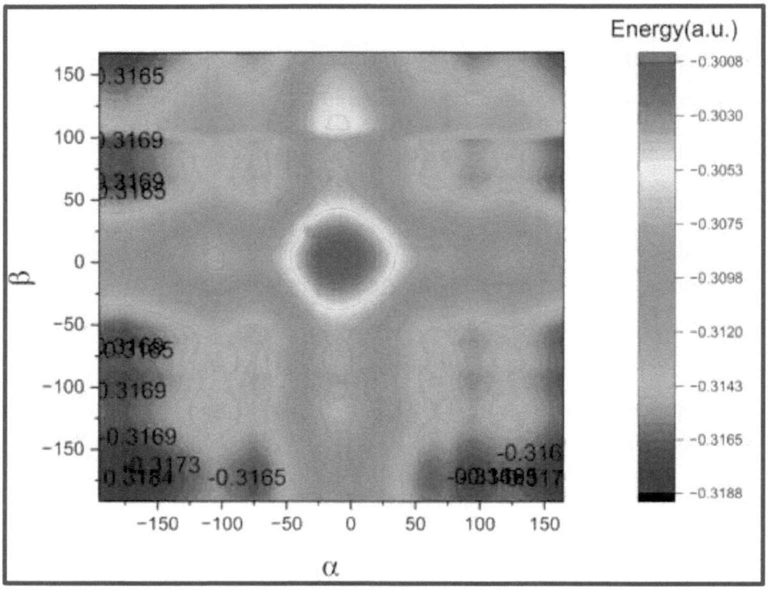
Energy(a.u.)
-0.3008
-0.3030
-0.3053
-0.3075
-0.3098
-0.3120
-0.3143
-0.3165
-0.3188
β
α
-0.3165

(a)

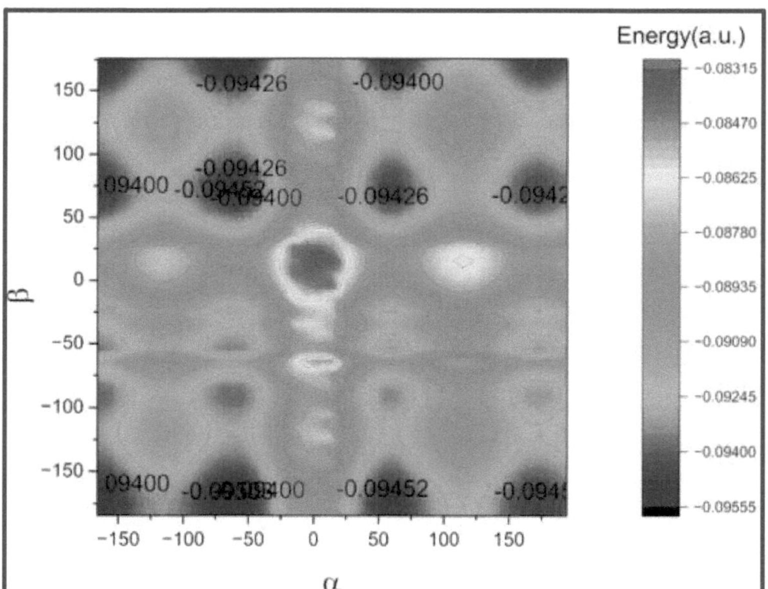
Energy(a.u.)
-0.08315
-0.08470
-0.08625
-0.08780
-0.08935
-0.09090
-0.09245
-0.09400
-0.09555
β
α
-0.09426
-0.09400
-0.09452

(b)

Figura 14. Representação tridimensional da análise PES das moléculas de (a) *PBüEs* (b) *PBüHy*

Durante o rastreio, foi detectado um total de sete mínimos globais para ambas as moléculas (Figura 15 e Figura 16).

Os valores de energia obtidos são os seguintes:

Valores globais de energia mínima e conformações para a molécula (PBüEs):

Energia (a.u.)	Molécula
-0.31875	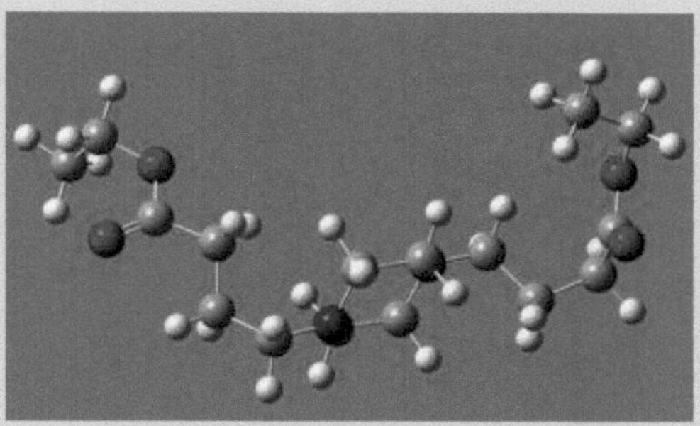
- 0.31838	

- 0.31800

- 0.31763

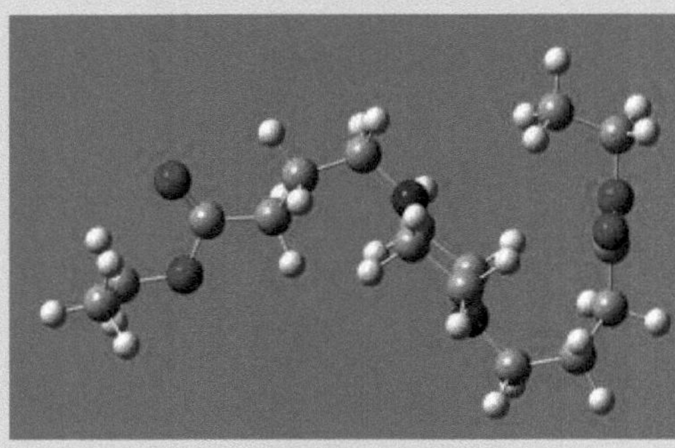

- 0.31725

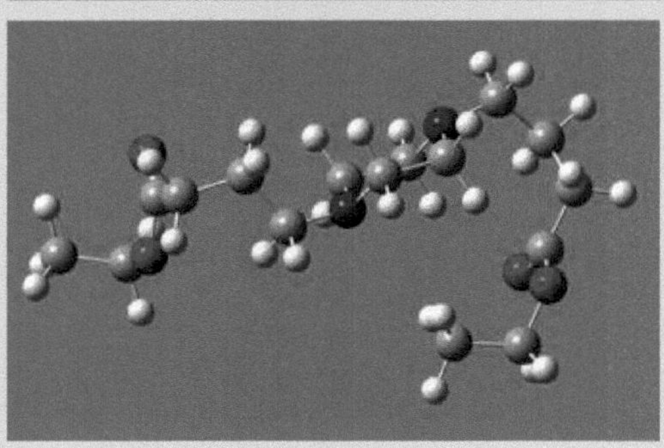

- 0.31688	
- 0.31651	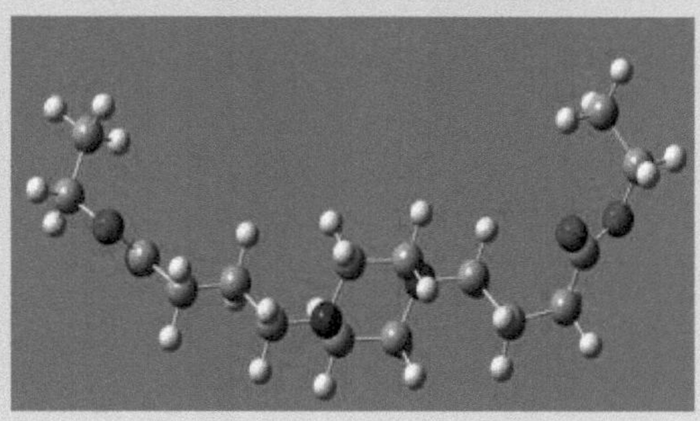

Figura 15. Conformadores da *molécula de PBüEs*

Valores globais de energia mínima e conformações para a molécula (PBüHy):

Energia (a.u.)	**Molécula**
-0.09555	
-0.09529	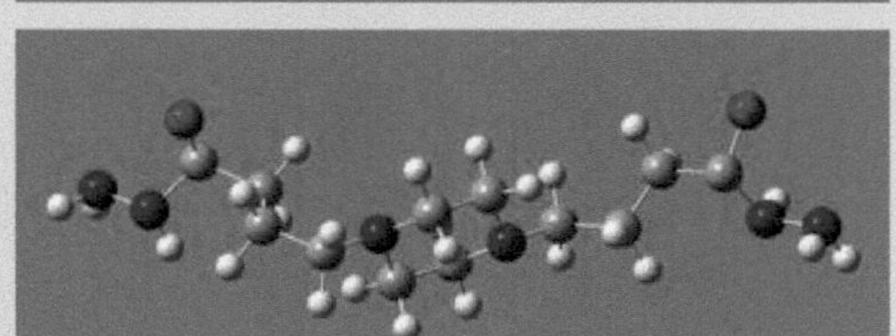

-0.09503

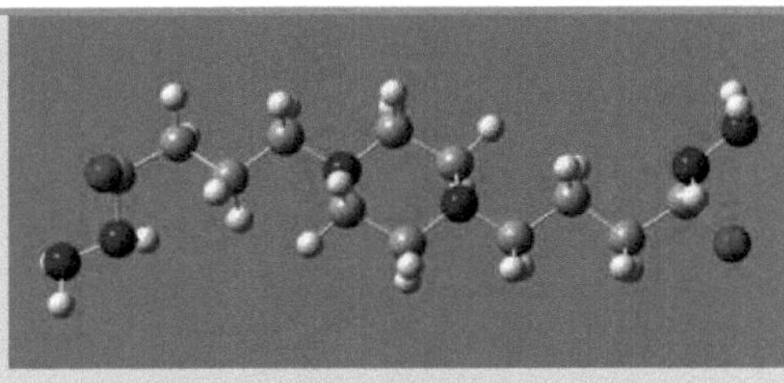

-0.09478

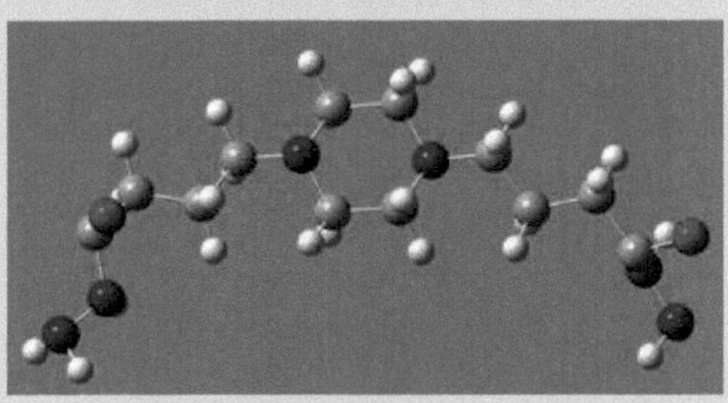

-0.09452

-0.09426

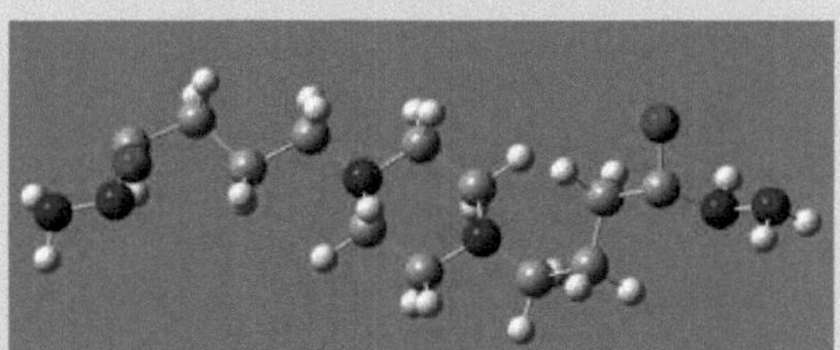

-0.09400

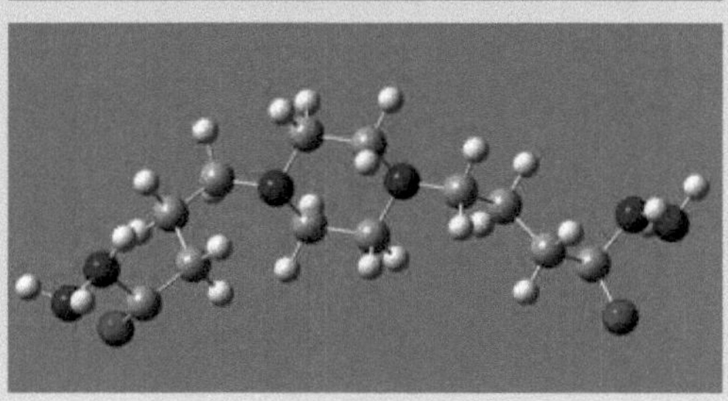

Figura 16. Conformadores da molécula *PBüHy*

Estes valores representam os estados de energia mais baixos de cada molécula e são críticos para a análise da conformação.

2.2.2. Processo de otimização com DFT

Os sete pontos mínimos globais obtidos foram optimizados utilizando o método mais preciso DFT/B3LYP/6-31G(d). A DFT é uma técnica computacional baseada na densidade eletrónica, que permite uma determinação mais precisa das geometrias moleculares. Nesta fase, foi calculada a energia de cada ponto mínimo e identificada a estrutura mais estável (Figura 4).

Os passos básicos utilizados durante a otimização da DFT são os seguintes:

1. Geometria inicial: Os pontos de mínimo global obtidos com o método AM1 foram utilizados como geometrias iniciais.

2. Cálculos de energia: Os cálculos DFT foram efectuados para cada geometria inicial e a energia total do sistema foi determinada.

3. Otimização geométrica: A minimização de energia foi efectuada para encontrar a configuração de menor energia do sistema.

4. Avaliação dos resultados: Os resultados obtidos foram comparados e foi determinada a estrutura com a energia mais baixa.

Como resultado, foi obtida uma única estrutura estável através da otimização DFT. Esta estrutura é a conformação de mais baixa energia entre os pontos mínimos globais identificados pelo método AM1, verificando assim os dados obtidos a partir do AM1 através da DFT no processo de análise conformacional.

Este estudo revela os efeitos do rastreio PES pelo método AM1 e da otimização DFT na análise da conformação. Os resultados obtidos fornecem informações importantes para a compreensão das propriedades dinâmicas da estrutura molecular e servem de base para estudos futuros.

Análise dos valores de energia: Quando se analisam os valores de energia obtidos para as duas moléculas, verifica-se que *o PBüEs* tem valores de energia mais baixos, indicando que é uma estrutura mais estável.

Determinação da estrutura estável: A estrutura monoestável obtida através da otimização DFT tornou-se mais fiável com a integração dos métodos AM1 e DFT.

Recomendações para estudos futuros: Estas análises desempenham um papel fundamental, especialmente na conceção de novos compostos e no melhoramento das propriedades dos compostos existentes. A integração de vários métodos semi-empíricos e de química quântica permite uma compreensão mais abrangente.

Em conclusão, este estudo enfatiza a importância da análise conformacional efectuada em duas moléculas e fornece informações valiosas para investigação futura. Através de simulações de dinâmica molecular e análises conformacionais, torna-se viável a conceção de novos compostos e a melhoria das propriedades dos compostos existentes.

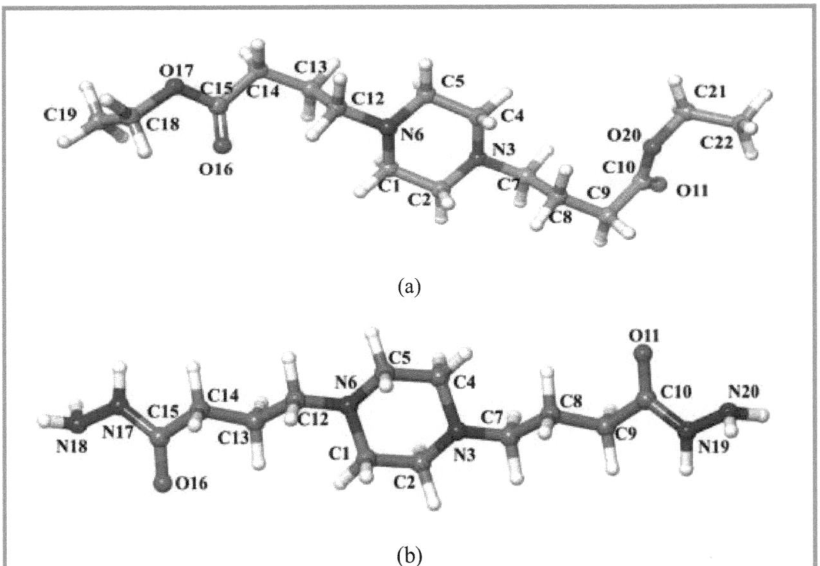

Figura 17. Estruturas optimizadas das moléculas de (a) *PBüEs* (b) *PBüHy*

2.3.Parâmetros geométricos

Valores da literatura Os comprimentos de ligação C-C em compostos aromáticos são observados na faixa de 1,39-1,41 Å. Os comprimentos de ligação simples são de cerca de 1,54 Å e as ligações duplas são de cerca de 1,34 Å [20]. Todos os valores calculados de comprimentos de ligação e ângulos de ligação das duas moléculas são apresentados na Tabela 6 e na Tabela 7. Enquanto no *PBüEs* era 1,5281 Å, no *PBüHy* foi medido como 1,5251 Å. Esta é uma diferença muito pequena, mas o comprimento da ligação do *PBüHy* está mais próximo do comprimento da ligação C-C padrão de cerca de 1,54 Å na literatura. Isto pode indicar que a estrutura do *PBüHy* se tornou mais compacta durante a sua otimização. As ligações C8-C9 e C12-C13 também são ligeiramente mais longas em *PBüEs* do que em *PBüHy*. Por exemplo, a ligação C8-C9 é 1,5385 Å no *PBüEs* e 1,5338 Å no *PBüHy*. Mais uma vez, quando comparada com a literatura, pode dizer-se que a estrutura do *PBüEs* é mais estável e mais apertada.

Comprimentos das ligações C-H Os valores da literatura são geralmente de cerca de 1,08-1,10 Å [21]. Os comprimentos de ligação C-H são consistentes com a literatura e são aproximadamente 1,08-1,10 Å em ambas as moléculas. Estes comprimentos de ligação não fazem uma grande diferença no potencial de ligação de hidrogénio, mas podem fazer pequenas diferenças na solubilidade das moléculas em solventes polares.

Valores da literatura: Os comprimentos das ligações carbonilo (C=O) são geralmente de cerca de 1,20-1,23 Å [22]. Os comprimentos de ligação C=O em *PBüEs* e *PBüHy* estão muito próximos da literatura e são cerca de 1,22 Å (a ligação C11=O12 em *PBüEs* é 1,2203 Å e em *PBüHy* é 1,2195 Å). Esta semelhança indica que os grupos carbonilo têm uma densidade eletrónica e propriedades de polaridade semelhantes em ambas as moléculas. Os grupos carbonilo são favoráveis à interação com nucleófilos e estes comprimentos de ligação indicam o potencial para fortes interações com solventes polares.

Valores da literatura: Os comprimentos das ligações C-N são tipicamente cerca de 1,47 Å, e as ligações C=N são cerca de 1,28 Å [17, 23]. As ligações C1-N6 e C5-N6 têm comprimentos de ligação C-N muito semelhantes em *PBüEs* e *PBüHy*, mas ligeiramente mais longos em *PBüHy*. Por exemplo, a ligação C1-N6 é 1,4604 Å em *PBüEs* e 1,4633 Å em *PBüHy*. Na literatura, os comprimentos de ligação simples C-N são geralmente de cerca de 1,47 Å. O facto de estas ligações serem ligeiramente mais longas no *PBüHy* pode indicar que esta molécula pode ter uma estrutura ligeiramente mais livre em torno do átomo de azoto. As ligações N6-C12 e N3-C4 foram medidas em cerca de 1,46 Å em ambas as moléculas, o que está de acordo com os comprimentos gerais das ligações C-N. Isto indica que as pequenas diferenças entre as duas moléculas não resultam numa alteração significativa das estruturas das ligações. As ligações C10-O11 e C15-O16 são 1,2081 Å em *PBüEs* e 1,2127 Å em *PBüHy*. Na literatura, uma ligação C=O tem normalmente cerca de 1,20 Å, pelo que se pode dizer que *o PBüEs* é ligeiramente mais curto nestas ligações. *O PBüEs* pode exercer uma atração mais forte sobre os átomos de oxigénio do que *o PBüHy*. O comprimento da ligação C10-O20 no *PBüEs* é de 1,353 Å, enquanto o comprimento da ligação C10-N19 no *PBüHy* é de 1,3786 Å. Embora os comprimentos das ligações C-O simples na literatura sejam de cerca de 1,43 Å, o comprimento da ligação do *PBüEs* aqui é mais curto, pelo que a atração do *PBüEs* pelo átomo de oxigénio pode ser maior. No *PBüHy*, o comprimento C10-N19 é maior, indicando que a ligação pode ter um carácter fraco.

Uma das principais diferenças entre *PBüEs* e *PBüHy* é a presença do grupo NH no *PBüHy*. Este facto pode ter um impacto significativo nas propriedades químicas e nas interações das moléculas. O grupo NH tem a capacidade de formar ligações de hidrogénio. Estas ligações desempenham um papel fundamental nas interações intermoleculares e podem reforçar as interações ligando-recetor. O grupo NH do *PBüHy* pode permitir-lhe estabelecer interações mais fortes com o recetor-alvo, proporcionando potencialmente afinidades mais elevadas. A ausência do grupo NH nos *PBüEs* pode significar que lhe faltam algumas propriedades reactivas. O grupo NH pode atuar como dador de protões e esta propriedade aumenta a reatividade da molécula, reforçando a sua capacidade de se ligar a determinados alvos biológicos. A presença do grupo NH no *PBüHy* pode afetar a estrutura tridimensional da molécula, o que pode reduzir o impedimento estérico nas interações ligando-recetor. A estrutura mais simples dos *PBüEs* pode ser uma desvantagem em algumas interações. O comprimento da ligação NH varia consoante a estrutura molecular e a natureza da ligação. De acordo com estudos, o comprimento médio da ligação N-H varia entre 1,008 ± 0,006 Å e 1,015 ± 0,006 Å [24].

Estes comprimentos de ligação podem afetar a força das ligações de hidrogénio e a natureza das interações moleculares. As ligações N-H mais curtas formam geralmente ligações de hidrogénio mais fortes, enquanto as ligações mais longas podem criar interações fracas. A presença do grupo NH no *PBüHy* pode oferecer vantagens significativas nas interações ligando-recetor. Este grupo pode aumentar a eficácia do *PBüHy*, formando ligações de hidrogénio fortes e aumentando a reatividade. Em contrapartida, a ausência deste grupo nos *PBüEs* pode limitar as suas interações com determinados alvos biológicos. Por conseguinte, a presença ou ausência do grupo NH deve ser considerada na conceção de moléculas, uma vez que é especialmente importante na descoberta e conceção de medicamentos.

Caraterísticas do PBüHy: A ligação N-H no *PBüHy* influencia significativamente as propriedades químicas e a reatividade da molécula. O comprimento da ligação medido de 1,01 Å indica o potencial desta ligação para formar fortes ligações de hidrogénio. Estas caraterísticas podem aumentar a eficácia *do PBüHy* nas interações ligando-recetor, contribuindo para o seu papel nos sistemas biológicos. A ausência de tal grupo nos *PBüEs* pode limitar as suas interações com certos alvos biológicos, sugerindo que *o PBüHy* pode ser um ligando potencialmente mais eficaz. Neste contexto, a presença de grupos N-H é um fator crucial que aumenta a atividade biológica e deve ser cuidadosamente considerada na conceção molecular.

Avaliação geral e conclusões.

Aromaticidade e deslocalização de electrões: Os comprimentos das ligações C-C em ambas as moléculas indicam carácter aromático, sugerindo que as moléculas possuem uma estrutura de ressonância estável com densidade eletrónica deslocalizada.

Reatividade Química e Polaridade: Os comprimentos das ligações C=O e C=N sugerem que *os PBüEs* e *PBüHy* apresentam propriedades semelhantes em termos de reatividade química e polaridade. No entanto, a ligação N-H no *PBüHy* aumenta o potencial de ligação de hidrogénio, o que pode ter um impacto positivo na sua solubilidade em solventes polares e nas suas interações biológicas.

Interações intermoleculares: A ligação N-H no *PBüHy* pode aumentar a sua capacidade de interagir com biomoléculas através de ligações de hidrogénio, indicando que *o PBüHy* pode possuir uma atividade biológica potencial mais elevada. Em conclusão, os comprimentos de ligação dos *PBüEs* e *PBüHy* estão de acordo com os valores da literatura e a presença do grupo N-H no *PBüHy* demonstra um perfil distinto dos *PBüEs* em termos de interações químicas e solubilidade.

Tabela 6. Comprimentos de ligação dos compostos (Å)

PBüEs			*PBüHy*		
Átomo1	Átomo2	Comprimento da	Átomo1	Átomo2	Comprimento da ligação
C1	C2	1.5281	C1	C2	1.5251
C1	N6	1.4604	C1	N6	1.4633
C1	H23	1.0939	C1	H21	1.0916
C1	H24	1.1041	C1	H22	1.1066
C2	N3	1.4601	C2	N3	1.4624
C2	H25	1.1045	C2	H23	1.1063
C2	H26	1.0947	C2	H24	1.094
N3	C4	1.4595	N3	C4	1.4633
N3	C7	1.4598	N3	C7	1.4615
C4	C5	1.5285	C4	C5	1.5251
C4	H27	1.0947	C4	H25	1.0916
C4	H28	1.1044	C4	H26	1.1066
C5	N6	1.459	C5	N6	1.4624
C5	H29	1.1046	C5	H27	1.1063
C5	H30	1.095	C5	H28	1.094
N6	C12	1.4598	N6	C12	1.4614
C7	C8	1.5425	C7	C8	1.5309
C7	H31	1.0963	C7	H29	1.0957
C7	H32	1.0966	C7	H30	1.1084
C8	C9	1.5385	C8	C9	1.5338
C8	H33	1.0942	C8	H31	1.0915
C8	H34	1.0925	C8	H32	1.0948
C9	C10	1.5155	C9	C10	1.5277
C9	H35	1.092	C9	H33	1.096
C9	H36	1.0955	C9	H34	1.0965
C10	O11	1.2081	C10	O11	1.2127
C10	O20	1.353	C10	N19	1.3786
C12	C13	1.5433	C12	C13	1.531
C12	H37	1.0974	C12	H35	1.1084
C12	H38	1.0947	C12	H36	1.0957
C13	C14	1.531	C13	C14	1.5338
C13	H39	1.0927	C13	H37	1.0948
C13	H40	1.0941	C13	H38	1.0915
C14	C15	1.5164	C14	C15	1.5278
C14	H41	1.0965	C14	H39	1.0965
C14	H42	1.0943	C14	H40	1.096
C15	O16	1.2081	C15	O16	1.2127
C15	O17	1.3513	C15	N17	1.3786
O17	C19	1.4516	N17	N18	1.3961
C18	C19	1.5195	N17	H41	1.0111
C18	H43	1.0939	N18	H42	1.0134
C18	H44	1.0926	N18	H43	1.0134
C18	H45	1.0915	N19	N20	1.3961
C19	H46	1.0905	N19	H44	1.0111
C19	H47	1.0903	N20	H45	1.0134
O20	C22	1.451	N20	H46	1.0134
C21	C22	1.5196			
C21	H48	1.094			
C21	H49	1.0927			
C21	H50	1.0914			
C22	H51	1.0906			
C22	H52	1.0905			

Tabela 7. Ângulos de ligação dos compostos (Å)

PBüEs				*PBüHy*			
Átomo1	Átomo2	Átomo3	Ângulo	Átomo1	Átomo2	Átomo3	Ângulo
C2	C1	N6	110.6525	C2	C1	N6	110.9053
C2	C1	H23	109.1122	C2	C1	H21	108.0671

C2	C1	H24	109.0847	C2	C1	H22	110.0266
N6	C1	H23	109.8859	N6	C1	H21	110.2348
N6	C1	H24	111.7172	N6	C1	H22	111.0957
H23	C1	H24	106.265	H21	C1	H22	106.3673
C1	C2	N3	110.6303	C1	C2	N3	111.0414
C1	C2	H25	109.046	C1	C2	H23	109.7618
C1	C2	H26	109.0802	C1	C2	H24	108.6456
N3	C2	H25	111.666	N3	C2	H23	111.1325
N3	C2	H26	109.8926	N3	C2	H24	109.8138
H25	C2	H26	106.4079	H23	C2	H24	106.3053
C2	N3	C4	109.1608	C2	N3	C4	107.9138
C2	N3	C7	113.1873	C2	N3	C7	109.76
C4	N3	C7	113.5108	C4	N3	C7	112.3637
N3	C4	C5	110.7781	N3	C4	C5	110.9114
N3	C4	H27	109.9073	N3	C4	H25	110.2647
N3	C4	H28	111.1983	N3	C4	H26	111.0975
C5	C4	H27	109.171	C5	C4	H25	108.0958
C5	C4	H28	109.2212	C5	C4	H26	109.9624
H27	C4	H28	106.4526	H25	C4	H26	106.3653
C4	C5	N6	110.7338	C4	C5	N6	111.1395
C4	C5	H29	109.2193	C4	C5	H27	109.7534
C4	C5	H30	109.1945	C4	C5	H28	108.689
N6	C5	H29	111.2516	N6	C5	H27	111.0568
N6	C5	H30	109.8966	N6	C5	H28	109.8003
H29	C5	H30	106.4338	H27	C5	H28	106.2572
C1	N6	C5	109.2515	C1	N6	C5	107.8922
C1	N6	C12	112.8217	C1	N6	C12	112.467
C5	N6	C12	113.4871	C5	N6	C12	109.8108
N3	C7	C8	115.9534	N3	C7	C8	112.6278
N3	C7	H31	107.5801	N3	C7	H29	110.5477
N3	C7	H32	110.0935	N3	C7	H30	110.1684
C8	C7	H31	108.7283	C8	C7	H29	108.7058
C8	C7	H32	110.0819	C8	C7	H30	109.4115
H31	C7	H32	103.6436	H29	C7	H30	105.0941
C7	C8	C9	114.2249	C7	C8	C9	112.9365
C7	C8	H33	111.9819	C7	C8	H31	108.0877
C7	C8	H34	107.9104	C7	C8	H32	111.1315
C9	C8	H33	110.3912	C9	C8	H31	106.3853
C9	C8	H34	106.8298	C9	C8	H32	112.0228
H33	C8	H34	104.9047	H31	C8	H32	105.825
C8	C9	C10	115.0977	C8	C9	C10	116.428
C8	C9	H35	109.5607	C8	C9	H33	109.0537
C8	C9	H36	110.3136	C8	C9	H34	108.9672
C10	C9	H35	107.6403	C10	C9	H33	108.6119
C10	C9	H36	107.6768	C10	C9	H34	108.2978
H35	C9	H36	106.141	H33	C9	H34	104.863
C9	C10	O11	121.1713	C9	C10	O11	109.0726
C9	C10	O20	112.7073	C9	C10	N19	110.0784
O11	C10	O20	126.121	O11	C10	N19	113.0286
N6	C12	C13	115.8809	N6	C12	C13	112.5882
N6	C12	H37	107.5707	N6	C12	H35	110.1736
N6	C12	H38	109.867	N6	C12	H36	110.6214
C13	C12	H37	108.4386	C13	C12	H35	109.3469
C13	C12	H38	110.7409	C13	C12	H36	108.6774
H37	C12	H38	103.5571	H35	C12	H36	105.153
C12	C13	C14	114.1907	C12	C13	C14	112.9779
C12	C13	H39	112.7845	C12	C13	H37	110.9986
C12	C13	H40	107.0902	C12	C13	H38	108.1495
C14	C13	H39	111.939	C14	C13	H37	112.1238
C14	C13	H40	105.4382	C14	C13	H38	106.262
H39	C13	H40	104.5	H37	C13	H38	105.8784
C13	C14	C15	115.6786	C13	C14	C15	114.689
C13	C14	H41	109.5227	C13	C14	H39	108.1278
C13	C14	H42	109.9611	C13	C14	H40	109.6401
C15	C14	H41	106.8437	C15	C14	H39	108.654
C15	C14	H42	107.8275	C15	C14	H40	109.8518
H41	C14	H42	106.5915	H39	C14	H40	105.452
C14	C15	O16	122.5071	C14	C15	O16	108.2847
C14	C15	O17	111.734	C14	C15	N17	110.0072
O16	C15	O17	125.7576	O16	C15	N17	113.7803
C15	O17	C19	121.4434	C15	N17	N18	114.3119
C19	C18	H43	110.6567	C15	N17	H41	112.8855
C19	C18	H44	111.148	N18	N17	H41	113.3003
C19	C18	H45	111.4563	N17	N18	H42	110.3183
H43	C18	H44	107.7692	N17	N18	H43	110.7743
H43	C18	H45	107.5868	H42	N18	H43	108.0751
H44	C18	H45	108.0653	C10	N19	N20	113.0593
O17	C19	C18	111.0347	C10	N19	H44	111.7571

O17	C19	H46	111.3715	N20	N19	H44	112.1446
O17	C19	H47	107.9898	N19	N20	H45	110.2992
C18	C19	H46	110.9375	N19	N20	H46	110.9132
C18	C19	H47	109.0947	H45	N20	H46	107.938
H46	C19	H47	106.2281	C2	C1	N6	110.7298
C10	O20	C22	121.3889	C2	C1	H21	108.7501
C22	C21	H48	110.7382	C2	C1	H22	109.0898
C22	C21	H49	111.0955	N6	C1	H21	109.4216
C22	C21	H50	111.5327	N6	C1	H22	111.0131
H48	C21	H49	107.6995	H21	C1	H22	107.7601
H48	C21	H50	107.6367	C1	C2	N3	111.0476
H49	C21	H50	107.9741	C1	C2	H23	108.8548
O20	C22	C21	111.1191	C1	C2	H24	109.0639
O20	C22	H51	111.2932	N3	C2	H23	111.4182
O20	C22	H52	107.9819	N3	C2	H24	108.654
C21	C22	H51	110.9107	H23	C2	H24	107.7181
C21	C22	H52	109.1827	C2	N3	C4	109.8166
H51	C22	H52	106.1663	C2	N3	C7	111.8228
C2	C1	N6	109.8529	C4	N3	C7	113.2563
C2	C1	H23	109.6704	N3	C4	C5	110.7297

2.4. MEP e Análise Orbital de Fronteira

Um mapa de Potencial Eletrostático Molecular (MEP) visualiza o potencial eletrostático na superfície de uma molécula. Os mapas MEP são utilizados especificamente para identificar centros nucleofílicos (ricos em electrões, regiões negativas) e electrofílicos (pobres em electrões, regiões positivas). As diferentes tonalidades de cor nos mapas representam os níveis de potencial eletrostático em várias regiões da molécula:

Zonas negativas (normalmente tons de vermelho ou amarelo): Estas regiões têm uma elevada densidade de electrões e apresentam propriedades nucleofílicas. Isto indica que as zonas ricas em electrões tendem a interagir com espécies que retiram electrões (electrófilos).

Zonas positivas (normalmente tons de azul ou verde): Estas regiões têm baixa densidade eletrónica e exibem propriedades electrofílicas. Estas zonas tendem a interagir com espécies ricas em electrões (nucleófilos).

Estes mapas fornecem informações sobre a reatividade de diferentes átomos e grupos funcionais dentro da molécula. Por exemplo, durante as reacções químicas, os domínios electrofílicos tendem a interagir com os nucleófilos e os domínios nucleófilos tendem a interagir com os electrofílicos [25, 26].

2.5. Análise do mapa MEP

PBüEs: No mapa MEP, a densidade de potencial eletrostático negativo está concentrada nas regiões com grupos retiradores de electrões, como o oxigénio e o azoto (Figura 18a). Estas regiões têm uma elevada densidade eletrónica e podem atuar como centros nucleófilos da molécula. As regiões positivas dos *PBüEs* foram observadas nas zonas onde se encontram os átomos de carbono e de hidrogénio. Isto indica que os átomos de hidrogénio se comportam electrostaticamente como sítios que não atraem electrões e podem formar potenciais centros electrofílicos.

PBüHy: Do mesmo modo, no mapa MEP do *PBüHy*, observa-se uma concentração significativa de carga negativa em torno dos átomos de oxigénio e azoto (Figura 18b). No entanto, o potencial negativo é mais intenso no *PBüHy*, sugerindo que *o PBüHy* pode apresentar um carácter mais nucleofílico. Os locais positivos no *PBüHy* concentram-se em torno dos átomos de carbono e de hidrogénio. Estes locais positivos indicam que *o PBüHy* tem uma estrutura polar electrostaticamente mais pronunciada e tem um elevado potencial para interagir com espécies nucleofílicas. Embora as densidades de carga negativa nos *PBüEs* e *PBüHy* se concentrem em torno dos átomos de oxigénio e azoto, os campos negativos mais pronunciados no *PBüHy* sugerem que esta molécula contém uma maior densidade de electrões e pode ser mais sensível a reacções nucleofílicas. Além disso, o maior número de sítios positivos no *PBüHy* indica que esta molécula pode interagir mais com espécies nucleofílicas através de atração eletrostática.

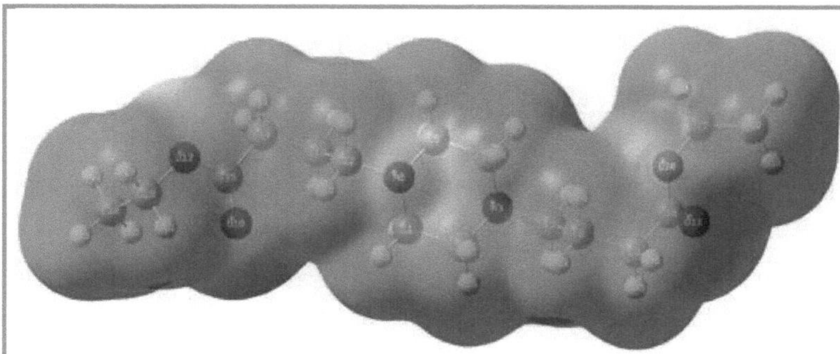

(a)

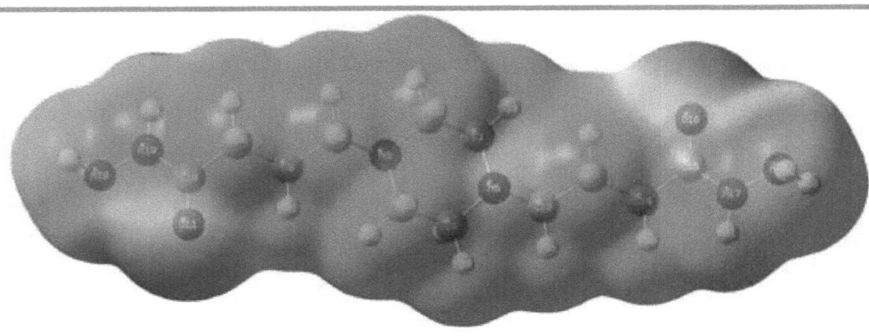

(b)

Figura 18. Mapa MEP das moléculas de (a) *PBüEs*(b) *PBüHy*

2.6. Distribuição de cargas de Mulliken e centros nucleofílicos-electrofílicos

As densidades de carga Mulliken calculadas de ambos os compostos são apresentadas na Tabela 8. De acordo com a distribuição de carga Mulliken em *PBüEs*, os átomos que podem atuar como centros nucleófilos são átomos de carbono com densidade de carga negativa. Por exemplo, foi observada uma densidade de carga negativa elevada de -0,5778 para o C7. Isto indica que o C7 é nucleófilo e rico em electrões. As áreas electrofílicas das PBEs são hidrogénio e alguns átomos de carbono com menor densidade de carga positiva. As regiões positivas no mapa MEP estão concentradas nestas áreas, sugerindo que estas regiões podem interagir com espécies que retiram electrões.

No *PBüHy*, as regiões nucleofílicas são muito mais proeminentes. Por exemplo, foi observada uma carga negativa elevada de -0,9509 no átomo C10. Esta densidade de carga indica que este átomo tem um forte carácter nucleófilo para reagir com outras espécies. No *PBüHy*, os centros electrofílicos são mais proeminentes e são áreas com cargas positivas mais intensas. Esta situação indica que os átomos de hidrogénio se comportam como regiões electrostaticamente não atractivas de electrões e podem servir como potenciais centros electrofílicos.

No *PBüHy*, existe uma maior polarização entre os centros nucleofílicos e electrofílicos. Em comparação com os *PBüEs*, os domínios nucleofílicos do *PBüHy* são dotados de cargas negativas muito mais pronunciadas, enquanto os centros electrofílicos têm campos positivos mais fortes. Isto pode levar a uma maior reatividade química do *PBüHy* e a uma participação mais eficiente em reacções nucleofílicas.

Reatividade e Polaridade: As regiões positivas e negativas mais proeminentes do *PBüHy* sugerem que esta molécula é mais suscetível a reacções electrofílicas e nucleofílicas e tem uma polaridade mais elevada. *O PBüEs*, por outro lado, tem uma distribuição de cargas mais equilibrada e apresenta uma reatividade e polaridade relativamente mais baixas.

Potencial de interação química: As densas áreas de carga negativa e as regiões positivas proeminentes no *PBüHy* sugerem que esta molécula pode ser mais reactiva em solventes e ambientes que requerem polaridade. A distribuição de cargas mais equilibrada dos *PBüEs* aumenta a sua estabilidade química e diminui relativamente a sua reatividade.

Locais nucleofílicos e electrofílicos: A carga negativa e positiva mais intensa no *PBüHy* torna esta molécula mais propensa a interagir com nucleófilos ou electrófilos fortes. As cargas negativas elevadas nos centros nucleofílicos tornam *o PBüHy* vulnerável a interagir fortemente com espécies electrofílicas, enquanto as áreas com carga positiva o tornam vulnerável a interagir fortemente com espécies nucleofílicas.

Consequentemente, os mapas MEP e as cargas Mulliken de *PBüEs* e *PBüHy* contribuem para a nossa compreensão do comportamento químico destas moléculas. A polarização mais pronunciada do *PBüHy* torna-o uma molécula com elevada reatividade, enquanto a estrutura mais estável do *PBüEs* o torna mais estável mas com menor reatividade.

Tabela 8. Mulliken com hidrogénios somados em átomos pesados de *moléculas PBüEs e PBüHy*

Mulliken			
PBüEs		***PBüHy***	
Átomos	**Carga**	**Átomos**	**Carga**
1C	-0.351049	1C	-0.474110
2C	-0.506232	2C	-0.184073
3N	0.176412	3N	0.258459
4C	-0.333293	4C	-0.474114
5C	-0.404294	5C	-0.166994
6N	0.143984	6N	0.255968
7C	-0.577808	7C	-0.167102
8C	0.197591	8C	0.012952
9C	-0.395062	9C	-0.501705

10C	-0.493021	10C	-0.950909
11O	-0.191240	11O	-0.315927
12C	-0.386132	12C	-0.407016
13C	0.083860	13C	0.075660
14C	-0.416196	14C	-0.778399
15C	-0.301879	15C	-0.382267
16O	-0.246733	16O	-0.315769
17O	0.019675	17N	-0.103377
18C	-0.362089	18N	-0.473841
19C	-0.147673	19N	-0.017097
20O	0.068492	20N	-0.462922
21C	-0.427648	21H	0.152252
22C	-0.117381	22H	0.142318
23H	0.178565	23H	0.149316
24H	0.160214	24H	0.149143
25H	0.124648	25H	0.154026
26H	0.164460	26H	0.145772
27H	0.159040	27H	0.151349
28H	0.145141	28H	0.150968
29H	0.147995	29H	0.128804
30H	0.167335	30H	0.131281
31H	0.184994	31H	0.141255
32H	0.176145	32H	0.196919
33H	0.177872	33H	0.157088
34H	0.174216	34H	0.191830
35H	0.201710	35H	0.132441
36H	0.179662	36H	0.133125
37H	0.176678	37H	0.209395
38H	0.165266	38H	0.083850
39H	0.163908	39H	0.175272
40H	0.151692	40H	0.184847
41H	0.196287	41H	0.224916
42H	0.189499	42H	0.255157
43H	0.145446	43H	0.223663
44H	0.143493	44H	0.226959
45H	0.176504	45H	0.254320
46H	0.162743	46H	0.216656
47H	0.167747	47H	0.155271
48H	0.141642	48H	0.287531
49H	0.145788	49H	0.211255
50H	0.175717	50H	0.236601
51H	0.166727		
52H	0.156580		

A HOMO (Highest Occupied Molecular Orbital) e a LUMO (Lowest Unoccupied Molecular Orbital) representam a orbital preenchida de maior energia e a orbital não preenchida de menor energia numa molécula, respetivamente. O HOMO indica o carácter nucleófilo da molécula (a sua tendência para doar electrões), enquanto o LUMO define o seu carácter electrofílico (a sua tendência para aceitar electrões). A diferença de energia entre as orbitais HOMO e LUMO (intervalo de banda) afecta a estabilidade e a reatividade da molécula. Um baixo intervalo de banda sugere que a molécula é mais reactiva quimicamente e mais sensível a estímulos externos, enquanto um intervalo de banda elevado implica que a molécula é mais estável e menos reactiva quimicamente [27].

Os valores de energia HOMO e LUMO das moléculas fornecem informações valiosas sobre as interações ligando-recetor. Neste contexto, uma avaliação dos valores de energia para *PBüEs* e *PBüHy* pode indicar qual a molécula que pode interagir mais eficazmente com o recetor. A energia HOMO do *PBüHy* é mais elevada do que a do *PBüEs* (-5,60 eV vs -5,67 eV) (Figura 19). Uma energia HOMO mais elevada significa uma maior capacidade de doar electrões, tornando a molécula potencialmente mais reactiva. As moléculas com energias HOMO mais elevadas apresentam normalmente propriedades agonísticas mais fortes nas interações com os receptores. A energia LUMO do *PBüEs* (-0,37 eV) é superior à do *PBüHy* (-0,71 eV). Uma energia LUMO mais baixa reflecte uma maior capacidade de aceitação de electrões, sugerindo que *o PBüHy* pode servir como um antagonista mais eficaz.

O gap de energia do *PBüEs* é de 5,30 eV, enquanto o do *PBüHy* é de 4,89 eV (Figura 20). Um maior intervalo de energia indica que a molécula pode sofrer transições que requerem maior energia, o que está geralmente associado a uma maior reatividade.

A eficácia das interações ligando-recetor é influenciada pelas propriedades estruturais e pelos valores energéticos das moléculas. As diferenças entre as moléculas podem afetar a forma como os ligandos interagem com os receptores. Devido à sua energia HOMO mais elevada, *o PBüHy* pode ser mais eficaz como agonista na interação com os receptores, oferecendo potencialmente uma forte ativação no recetor alvo devido à sua elevada reatividade.

O PBüHy, com a sua baixa energia LUMO, pode exibir propriedades antagonistas e, assim, inibir a atividade do recetor, o que pode ser particularmente significativo na regulação das respostas imunitárias ou no tratamento do cancro. Os valores de energia HOMO e LUMO das moléculas desempenham um papel fundamental na definição da natureza das interações ligando-recetor.

Os valores de energia HOMO e LUMO das moléculas desempenham um papel crítico na determinação da natureza das interações ligando-recetor. A atividade agonista do *PBüHy* resulta da sua elevada energia HOMO, enquanto o potencial antagonista do *PBüEs* é atribuído à sua baixa energia LUMO. À luz desta informação, ambas as moléculas podem ser utilizadas para diferentes alvos terapêuticos; *o PBüEs* pode ser preferido nos casos em que é necessária ativação, enquanto *o PBüHy* pode ser considerado pelos seus efeitos inibitórios.

Estas avaliações são essenciais para compreender a complexidade das interações ligando-recetor e os comportamentos químicos das moléculas [28, 29].

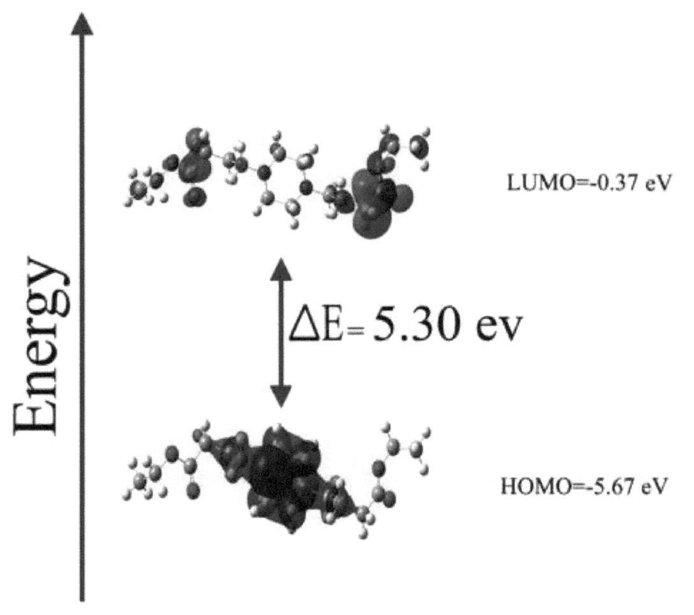

Figura 19. Orbitais HOMO-LUMO da *molécula de PBüEs*

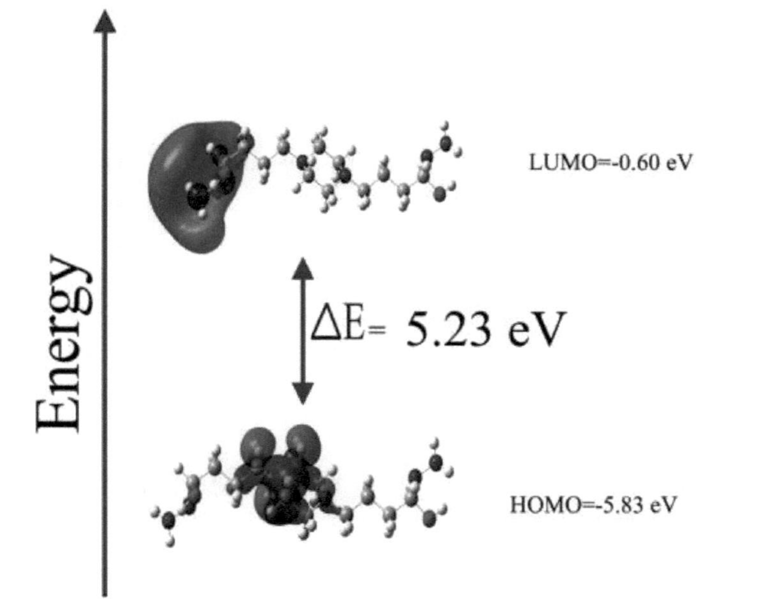

Figura 20. Orbitais HOMO-LUMO da molécula *PBüHy*

3. SIMULAÇÕES DE ACOPLAMENTO MOLECULAR E CONCEPÇÃO DE MEDICAMENTOS

A compreensão das interações proteína-ligando é crucial para a descoberta de medicamentos e para a elucidação dos mecanismos moleculares nos sistemas biológicos. Os ligandos que se ligam aos locais activos das proteínas facilitam funções biológicas específicas, ligando-se aos seus receptores através de vários tipos de ligações e interações químicas. Neste estudo, 8IGY representa a proteína protease 3CL (3CLpro) do Coronavírus 2 da Síndrome Respiratória Aguda Grave (SARS-CoV-2). Esta proteína desempenha um papel significativo no processo de replicação do SARS-CoV-2, processando proteínas essenciais para a proliferação do vírus. A protease 3CL do SARS-CoV-2 medeia funções críticas durante a infeção através da clivagem de polipéptidos codificados no genoma viral. Por conseguinte, a protease 3CL é frequentemente visada nos esforços de desenvolvimento de medicamentos para o tratamento da COVID-19.

No nosso estudo, examinámos em pormenor as interações moleculares entre o sítio ativo do recetor da proteína 8IGY e três moléculas diferentes (*PBüEs*, *PBüHy* e co-ligando). Ao analisar as ligações de hidrogénio, as interações electrostáticas, as ligações de halogéneo e as interações hidrofóbicas estabelecidas por cada molécula com o recetor, destacámos as diferenças na força de ligação e nos perfis de interação (Quadro 9). Esta análise fornece uma avaliação comparativa dos potenciais de ligação de cada molécula ao recetor 8IGY, com o objetivo de identificar a molécula com a afinidade de ligação mais forte.

O nosso estudo visa contribuir para a compreensão das interações proteína-ligando na futura conceção de medicamentos, revelando os efeitos de diferentes tipos de interação molecular na estabilidade dos complexos ligando-recetor.

Tabela 9. Valores de afinidade das moléculas *PBüEs* e *PBüHy* determinados por acoplamento molecular

Reseptor	Ligando	Afinidade (kcal/mol)
	PBüEs	**-5.3**
8IGY	*PBüHy*	**-6.0**
	coligante	**-8.8**

3.1. Comparação dos resultados de Docking Molecular e da análise de interação

1. Co-ligante (afinidade: -8,8 kcal/mol): A afinidade mais baixa (ou seja, mais forte) do co-ligando indica que este se liga de forma mais robusta e forte ao recetor 8IGY. Esta forte ligação é consistente com os vários tipos de interações destacados na análise anterior. O co-ligando forma ligações de hidrogénio, bem como muitas ligações de halogéneo no recetor; estas ligações de halogéneo com GLU166 e THR190 através de átomos de flúor asseguraram que o co-ligando estava firmemente localizado no recetor. Além disso, as interações hidrofóbicas e as ligações alquilo do co-ligando contribuem para o posicionamento estável da molécula nas regiões hidrofóbicas do recetor. Esta forte afinidade parece basear-se na elevada atração das ligações de halogéneo e na extensa rede de ligações de hidrogénio. A forte ligação do co-ligando ao local ativo do recetor, formando um complexo de baixa energia, apoia o forte resultado de ligação da molécula.

2. *PBüHy* (Afinidade: -6,0 kcal/mol): A afinidade do *PBüHy* é inferior à do *PBüEs*, embora não tão forte como a do co-ligando. Esta energia de ligação é consistente com as ligações de hidrogénio e as interações electrostáticas do *PBüHy*. *O PBüHy* tem interações electrostáticas específicas, como a interação pi-cátion com HIS41, que contribuem para o posicionamento correto da molécula no recetor. Ao mesmo tempo, as ligações de halogéneo com GLU166 e THR190 e as interações hidrofóbicas com MET49 permitiram que a molécula formasse um complexo mais forte com o recetor. A pontuação de docking de -6,0 kcal/mol indica que *o PBüHy* se liga bastante bem ao recetor, mas a sua afinidade permanece inferior à do co-ligando devido à falta de ligações de halogéneo e ao facto de não ter uma rede de interação tão ampla como o co-ligando.

3. *PBüEs* (afinidade: -5,3 kcal/mol): *O PBüEs* tem a afinidade mais elevada (energia de ligação mais baixa) em comparação com as outras duas moléculas, o que indica que se liga de forma relativamente fraca ao recetor. As interações de ligação do *PBüEs* com o recetor baseiam-se, em grande parte, em ligações de hidrogénio e de carbono-hidrogénio. Embora estas ligações liguem a molécula ao recetor, não são tão fortes como as ligações de halogéneo ou as interações electrostáticas encontradas noutras moléculas. Por conseguinte, a afinidade de -5,3 kcal/mol dos *PBüEs* reflecte a ausência de ligações de halogéneo e de interações electrostáticas no perfil de interação que proporcionariam uma

forte atração. Este padrão de ligação, que é dominado por ligações de hidrogénio, conduz a uma interação mais fraca da molécula com o recetor.

As pontuações de acoplamento obtidas fornecem informações importantes para comparar os potenciais de ligação das três moléculas. O co-ligante liga-se firmemente ao recetor com a afinidade mais forte e forma a estrutura complexa mais estável. Por detrás desta forte afinidade está uma grande rede de ligações de hidrogénio e halogéneo, interações hidrofóbicas e uma forte atração. *O PBüHy* apresenta uma afinidade razoável graças às suas fortes interações electrostáticas e hidrofóbicas, mas não atinge uma força de ligação tão elevada como o co-ligando. *O PBüEs*, por outro lado, foi a molécula com maior afinidade (a energia de ligação foi a mais fraca) devido à sua rede de interações mais limitada.

À luz destes resultados, pode dizer-se que o ligando *PBüHy* tem um maior potencial de ligação ao recetor 8IGY do que *os PBüEs*. Isto pode levar à priorização da estrutura *PBüHy* em futuros estudos de desenvolvimento de medicamentos.

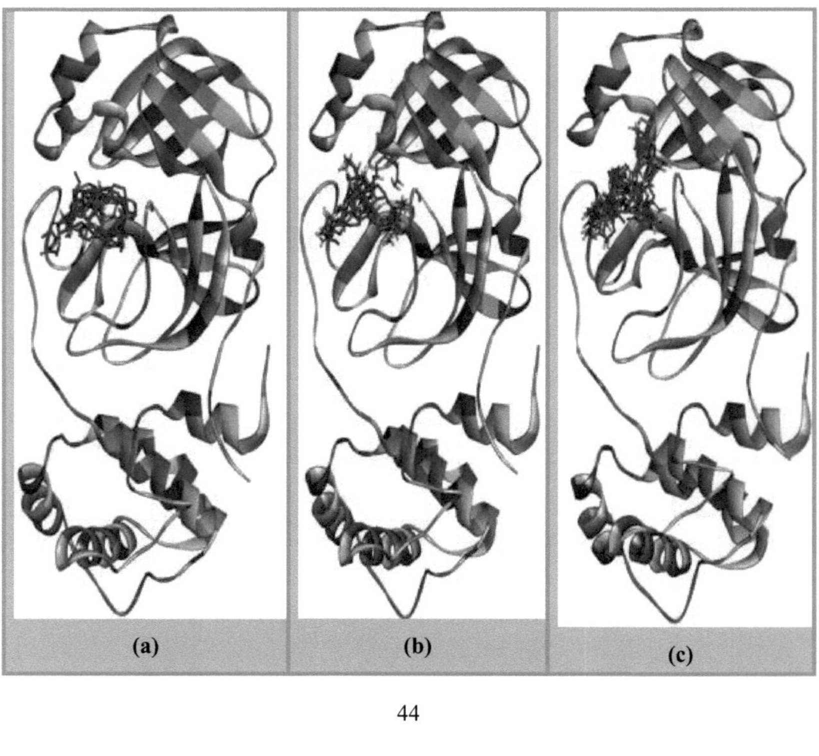

(a) (b) (c)

Figura 21. Posições dos ligandos no sítio de ligação ativo dos receptores (a) *PBüEs* b) *PBüHy* c) co-ligando

Comparando as posições do co-ligando na Figura 21 com as do *PBüEs* e do *PBüHy*, podemos avaliar as suas propriedades de ligação e interação. Observando as formas dos três ligandos na Figura 21, se a posição do co-ligando estiver numa posição que possa afetar a afinidade de ligação dos outros dois ligandos, isso pode indicar que as três moléculas estão em interação sinérgica ou competitiva. Por exemplo, se *o PBüEs* e *o PBüHy* apresentarem posições de ligação mais estabilizadas na presença do co-ligando, isso significa que o co-ligando promove estas ligações ou permite a ligação sem deslocação. Esta comparação fornece informações importantes sobre a forma como o co-ligando afecta a ligação e o posicionamento das moléculas no local ativo do recetor.

3.2. Interações ligando-recetor

Interação entre *os PBüEs* e o recetor 8IGY: As ligações formadas pelos *PBüEs* com o recetor 8IGY permitem que a molécula se posicione no sítio ativo e forme um complexo estável com o recetor (Figuras 22-24). Segue-se uma análise pormenorizada destas ligações:

Ligações de hidrogénio: Os aminoácidos SER144 e CYS145 formam ligações de hidrogénio com certos átomos de *PBüEs*. Os átomos SER144:HN e CYS145:HN actuam como dadores de ligações H, enquanto o átomo O11 nos *PBüEs* é o aceitador de ligações H. Os comprimentos destas ligações foram medidos como sendo 2,24 Å e 2,50 Å, e os ângulos foram 125,3° e 134,8°, respetivamente. Estas interações contribuem para a localização da molécula no local ativo. Na ligação de hidrogénio com ASP187, ASP187:HA é o dador e o átomo O16 de *PBüEs* é o aceitador. O comprimento desta ligação foi medido em 2,54 Å e o ângulo em 132,3°. Esta ligação é do tipo carbono-hidrogénio e estabiliza a posição da molécula.

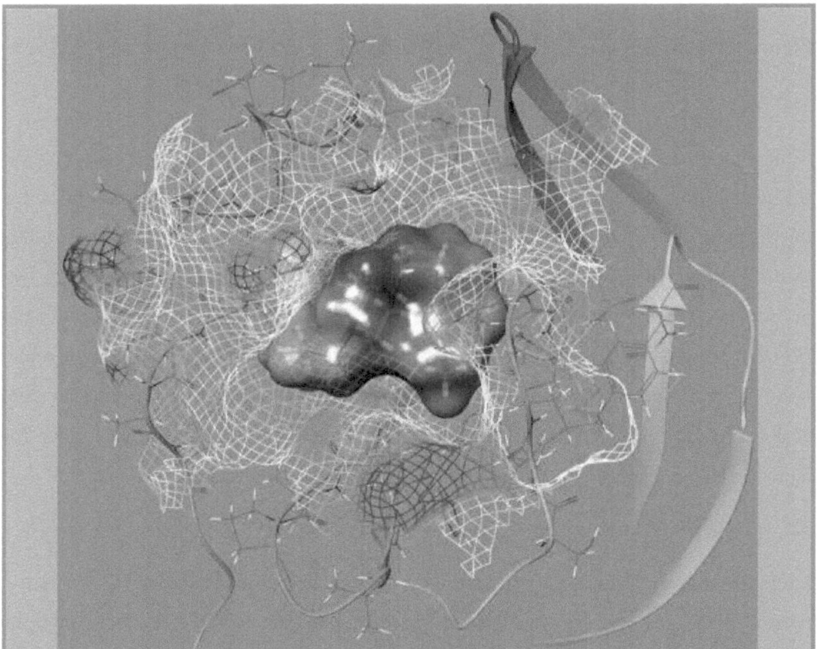

(a)

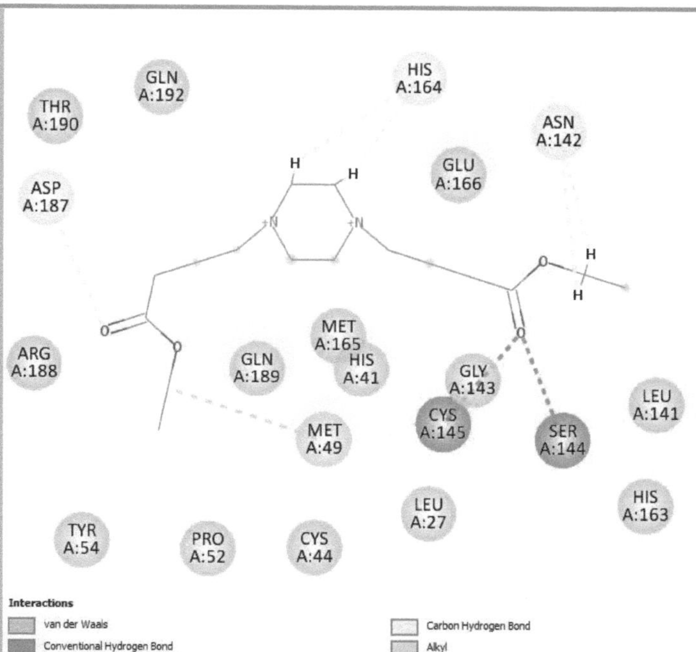

(b)

Nome	Distância	Categoria	Tipos	De	De Química	Para	Para a química	Ângulo DHA
A:SER144:HN - :UNK0:O11	2.24376	Ligação de hidrogénio	Ligação de hidrogénio convencional	A:SER144:HN	H-Doador	:UNK0:O11	H-Acceptor	125.347
A:CYS145:HN - :UNK0:O11	2.50328	Ligação de hidrogénio	Ligação de hidrogénio convencional	A:CYS145:HN	H-Doador	:UNK0:O11	H-Acceptor	134.796
A:ASP187:HA - :UNK0:O16	2.54424	Ligação de hidrogénio	Ligação de hidrogénio do carbono	A:ASP187:HA	H-Doador	:UNK0:O16	H-Acceptor	132.374
:UNK0:HC7 - A:HIS164:O	2.90823	Ligação de hidrogénio	Ligação de hidrogénio do carbono	:UNK0:HC7	H-Doador	A:HIS164:O	H-Acceptor	126.221
:UNK0:HC9 - A:HIS164:O	2.97001	Ligação de hidrogénio	Ligação de hidrogénio do carbono	:UNK0:HC9	H-Doador	A:HIS164:O	H-Acceptor	113.415
:UNK0:HC16 - A:ASN142:OD1	3.05072	Ligação de hidrogénio	Ligação de hidrogénio do carbono	:UNK0:HC16	H-Doador	A:ASN142:OD1	H-Acceptor	108.894
:UNK0:HC17 - A:ASN142:OD1	3.09494	Ligação de hidrogénio	Ligação de hidrogénio do carbono	:UNK0:HC17	H-Doador	A:ASN142:OD1	H-Acceptor	106.18
:UNK0:C19 - A:MET49	4.07312	Hidrofóbico	Alquilo	:UNK0:C19	Alquilo	A:MET49	Alquilo	

(c)

Figura 22. (a) A posição do *ligando PBüEs* localizado no sítio ativo da proteína 8IGY na estrutura do complexo mapeada com o potencial eletrostático e (b) diagrama bidimensional de interação ligando-recetor (c) Interações entre o ligando *PBüEs* e a proteína 8IGY

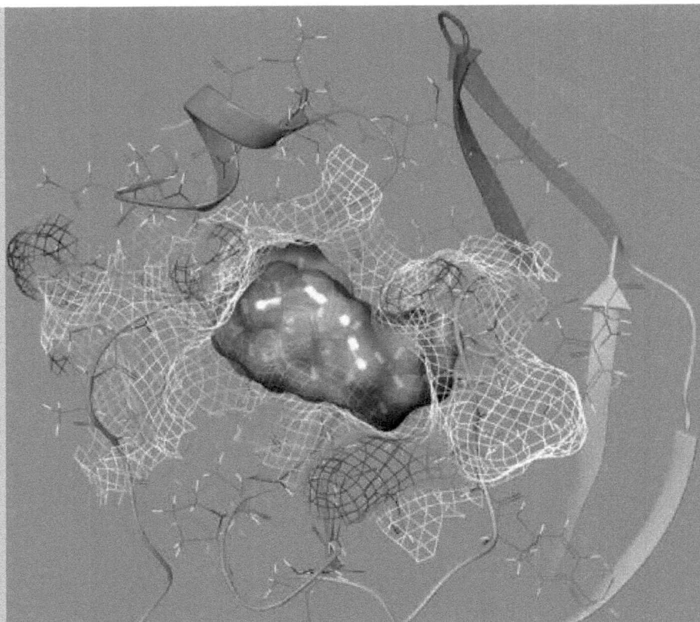

(a)

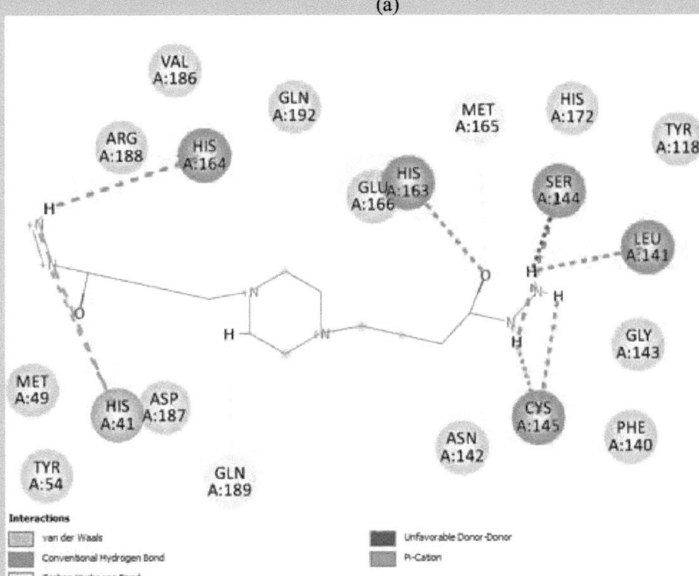
VAL A:186
GLN A:192
MET A:165
HIS A:172
TYR A:118
ARG A:188
HIS A:164
GLU A:166
HIS A:163
SER A:144
LEU A:141
GLY A:143
MET A:49
HIS A:41
ASP A:187
CYS A:145
PHE A:140
ASN A:142
TYR A:54
GLN A:189
Interactions
van der Waals
Conventional Hydrogen Bond
Carbon Hydrogen Bond
Unfavorable Donor-Donor
Pi-Cation

(b)

Nome	Distância	Categoria	Tipos	De	De Química	Para	Para a química	Ângulo DHA
A:HIS163:HE2 - :UNK0:O16	2.25248	Ligação de hidrogénio	Ligação de hidrogénio convencional	A:HIS163:HE2	H-Doador	:UNK0:O16	Recetor H	145.425
:UNK0:H46 - A:HIS164:O	2.69916	Ligação de hidrogénio	Ligação de hidrogénio convencional	:UNK0:H46	H-Doador	A:HIS164:O	H-Acceptor	99.155
:UNK0:H41 - A:SER144:OG	2.57313	Ligação de hidrogénio	Ligação de hidrogénio convencional	:UNK0:H41	H-Doador	A:SER144:OG	H-Acceptor	91.375
:UNK0:H41 - A:CYS145:SG	2.98449	Ligação de hidrogénio	Ligação de hidrogénio convencional	:UNK0:H41	H-Doador	A:CYS145:SG	H-Acceptor	108.226
:UNK0:H42 - A:LEU141:O	2.09623	Ligação de hidrogénio	Ligação de hidrogénio convencional	:UNK0:H42	H-Doador	A:LEU141:O	H-Acceptor	123.464
:UNK0:H43 - A:CYS145:SG	2.59516	Ligação de hidrogénio	Ligação de hidrogénio convencional	:UNK0:H43	H-Doador	A:CYS145:SG	Recetor H	135.925
A:MET165:HA - :UNK0:O16	2.89776	Ligação de hidrogénio	Ligação de hidrogénio do carbono	A:MET165:HA	H-Doador	:UNK0:O16	H-Acceptor	123.186
:UNK0:HC5 - A:GLN189:OE1	2.92857	Ligação de hidrogénio	Ligação de hidrogénio do carbono	:UNK0:HC5	H-Doador	A:GLN189:OE1	H-Acceptor	124.07
:UNK0:N19 - A:HIS41	3.24465	Eletrostática	Pi-Catião	:UNK0:N19	Positivo	A:HIS41	Pi-Orbitals	
:UNK0:N20 - A:HIS41	3.24705	Eletrostática	Pi-Catião	:UNK0:N20	Positivo	A:HIS41	Pi-Orbitals	

(c)

Figura 23. (a) A posição do ligando *PBüHy* localizado no sítio ativo da proteína 8IGY na estrutura do complexo mapeada com o potencial eletrostático e (b) diagrama bidimensional de interação ligando-recetor (c) Interações entre o ligando *PBüHy* e a proteína 8IGY

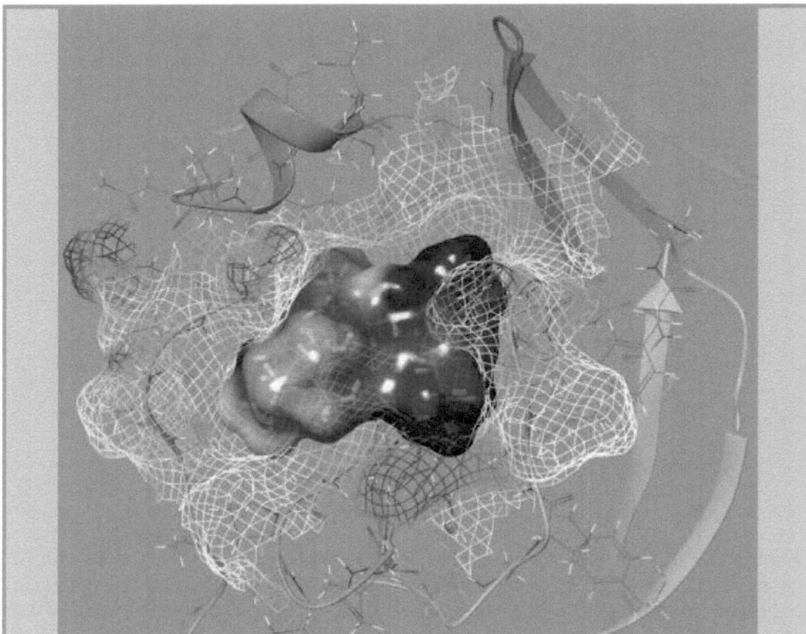

(a)

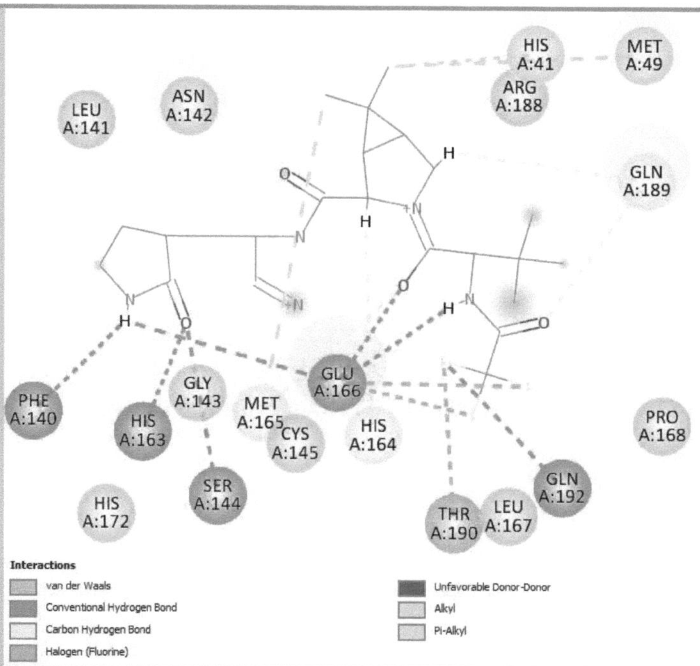

(b)

Nome	Distância	Categoria	Tipos	De	De Química	Para	Para a química	Ângulo DHA
A:SER144:HG - ;UNK0:O29	2.59552	Ligação de hidrogénio	Ligação de hidrogénio convencional	A:SER144:HG	H-Doador	:UNK0:O29	Recetor H	107.525
A:HIS163:HE2 - :UNK0:O29	2.07326	Ligação de hidrogénio	Ligação de hidrogénio convencional	A:HIS163:HE2	H-Doador	:UNK0:O29	H-Acceptor	155.911
A:GLU166:HN - :UNK0:O31	2.3018	Ligação de hidrogénio	Ligação de hidrogénio convencional	A:GLU166:HN	H-Doador	:UNK0:O31	H-Acceptor	162.362
A:GLN192:HE21 - :UNK0:F35	2.78827	Ligação de hidrogénio; halogéneo	Ligação convencional de hidrogénio; halogéneo (flúor)	A:GLN192:HE21	Dador de H; Aceitador de halogéneo	:UNK0:F35	Aceitador de H; Halogéneo	92.783
:UNK0:H54 - :UNK0:O30	2.65324	Ligação de hidrogénio	Ligação de hidrogénio convencional	:UNK0:H54	H-Doador	:UNK0:O30	H-Acceptor	110.784
:UNK0:H51 - A:PHE140:O	2.35656	Ligação de hidrogénio	Ligação de hidrogénio convencional	:UNK0:H51	H-Doador	A:PHE140:O	H-Acceptor	143.417
:UNK0:H51 - A:GLU166:OE1	2.42864	Ligação de hidrogénio	Ligação de hidrogénio convencional	:UNK0:H51	H-Doador	A:GLU166:OE1	H-Acceptor	122.411
:UNK0:H53 - A:GLU166:O	1.90362	Ligação de hidrogénio	Ligação de hidrogénio convencional	:UNK0:H53	H-Doador	A:GLU166:O	H-Acceptor	159.889
A:MET165:HA - :UNK0:O31	2.89324	Ligação de hidrogénio	Ligação de hidrogénio do carbono	A:MET165:HA	H-Doador	:UNK0:O31	H-Acceptor	124.332

A:GLN189:HA - :UNK0:O32	2.38045	Ligação de hidrogénio	Ligação de hidrogénio do carbono	A:GLN189:HA	H-Doador	:UNK0:O32	H-Acceptor	165.221
:UNK0:HC2 - A:GLN189:OE1	2.75913	Ligação de hidrogénio	Ligação de hidrogénio do carbono	:UNK0:HC2	H-Doador	A:GLN189:OE1	H-Acceptor	155.784
:UNK0:HC3 - :UNK0:O32	2.76201	Ligação de hidrogénio	Ligação de hidrogénio do carbono	:UNK0:HC3	H-Doador	:UNK0:O32	Recetor H	140.335
:UNK0:HC - A:HIS164:O	2.70094	Ligação de hidrogénio	Ligação de hidrogénio do carbono	:UNK0:HC	H-Doador	A:HIS164:O	H-Acceptor	155.214
A:GLU166:O - :UNK0:F33	3.08349	Halogéneo	Halogéneo (Flúor)	A:GLU166:O	Aceitador de halogéneo	:UNK0:F33	Halogéneo	
A:GLU166:O - :UNK0:F34	3.00725	Halogéneo	Halogéneo (Flúor)	A:GLU166:O	Aceitador de halogéneo	:UNK0:F34	Halogéneo	
A:THR190:O - :UNK0:F35	3.24511	Halogéneo	Halogéneo (Flúor)	A:THR190:O	Aceitador de halogéneo	:UNK0:F35	Halogéneo	
A:GLN192:CD - :UNK0:F35	3.46787	Halogéneo	Halogéneo (Flúor)	A:GLN192:CD	Aceitador de halogéneo	:UNK0:F35	Halogéneo	
:UNK0:C14 - A:MET165	4.24271	Hidrofóbico	Alquilo	:UNK0:C14	Alquilo	A:MET165	Alquilo	
:UNK0:C15 - A:MET49	4.37439	Hidrofóbico	Alquilo	:UNK0:C15	Alquilo	A:MET49	Alquilo	
A:HIS41 - :UNK0:C15	4.0242	Hidrofóbico	Pi-alquilo	A:HIS41	Pi-Orbitals	:UNK0:C15	Alquilo	

(c)

Figura 24. (a) A posição do ligando *PBüEs* localizado no sítio ativo da proteína 8IGY na estrutura do complexo mapeada com o potencial eletrostático e (b) diagrama bidimensional de interação ligando-recetor (c) Interações entre o ligando *PBüHy* e a proteína 8IGY

Ligações carbono-hidrogénio: As ligações com o aminoácido HIS164 são do tipo carbono-hidrogénio, com os átomos HC7 e HC9 a actuarem como dadores de ligações H na interação dos *PBüEs* com o átomo HIS164:O. Estas ligações têm 2,90 Å e 2,97 Å de comprimento, com ângulos de 126,2° e 113,4°, respetivamente. Nas ligações com o aminoácido ASN142, os átomos HC16 e HC17 são dadores de ligações H e o átomo ASN142:OD1 é o aceitador de ligações H. Os comprimentos destas ligações são 3,05 Å e 3,09 Å e os ângulos são 108,8° e 106,1°.

Interações hidrofóbicas: Na interação hidrofóbica com o aminoácido MET49, o átomo C19 do *PBüEs* forma uma ligação alquil-alquil. Esta interação foi observada a uma distância de 4,07 Å. Esta interação hidrofóbica contribui para que a molécula permaneça estável no sítio ativo do recetor.

Interação entre *o PBüHy* e o Recetor 8IGY: *O PBüHy* liga-se ao recetor 8IGY através de uma rede mais ampla de interações (Figura 23). Para além das ligações de hidrogénio, as interações electrostáticas e hidrofóbicas também desempenham um papel importante.

Ligações de hidrogénio: As ligações de hidrogénio com os aminoácidos HIS163, SER144, LEU141, CYS145 e GLU166 ajudam *o PBüHy* a ligar-se firmemente ao recetor. Por exemplo, na ligação com o HIS163, o átomo HIS163:HE2 é o dador e o átomo O16 do *PBüHy* é o aceitador. O comprimento da ligação foi medido como sendo 2,25 Å e o ângulo 145,4°, indicando uma ligação forte. A ligação do *PBüHy* com o GLU166:HN é uma ligação de hidrogénio convencional com uma distância de 2,30 Å e um ângulo de 123,4°. Estas ligações ajudam a manter a molécula firmemente no recetor.

Interações electrostáticas: A interação pi-cátion com o HIS41 ocorre quando os átomos N19 e N20 positivamente carregados do *PBüHy* interagem com as orbitais pi do HIS41. Estas interações electrostáticas contribuem para a localização do *PBüHy* numa posição específica do recetor e essas interações aumentam a força de ligação da molécula.

Interações hidrofóbicas e ligações de halogéneo: *O PBüHy* forma ligações de halogéneo (flúor) com o GLU166 e o THR190. Por exemplo, o comprimento da ligação de halogéneo F34 com GLU166 é de 3,00 Å. Estas ligações de halogéneo permitem que a molécula se ligue firmemente ao local ativo no recetor. Como interação hidrofóbica, foram estabelecidas ligações alquil-alquil com os aminoácidos MET165 e MET49. Esta molécula, que se liga ao MET49 e ao MET165, especialmente através dos átomos C14 e C15, assume uma posição estável no recetor.

Interação entre o co-ligando e o recetor 8IGY: O co-ligando tem uma gama mais ampla de interações em comparação com as outras duas moléculas, o que leva a uma ligação mais forte ao recetor (Figura 24).

Ligações de hidrogénio: O SER144 forma ligações de hidrogénio com aminoácidos como o HIS163, o GLU166, o GLN192 e o PHE140. Por exemplo, na ligação com o HIS163, o HIS163:HE2 actua como o átomo dador, enquanto o átomo O29 do co-ligante é o aceitador da ligação H. Esta ligação tem um comprimento de 2,07 Å e um ângulo de 123,5° e é uma ligação de hidrogénio convencional forte. Na interação com o GLN192, o átomo F35 do co-ligando actua como ligante de halogéneo e a interação com o GLN192:HE21 é classificada como uma ligação de hidrogénio e halogéneo com um comprimento de 2,78 Å. Isto reforça a posição da molécula no recetor.

Ligações de halogéneo: Os átomos de flúor do co-ligando formam ligações de halogéneo com THR190 e GLU166 no recetor. Estas ligações têm aproximadamente 3,00 Å de comprimento e estabilizam a posição da molécula no local ativo. Graças à forte atração das ligações de halogéneo, o co-ligando tem o potencial de se ligar ao recetor mais fortemente do que outras moléculas.

Interações hidrofóbicas: Formam-se ligações alquil-alquil entre o MET165 e o MET49 e o co-ligando. Estas ligações, formadas sobre os átomos C14 e C15, permitem que o co-ligando se ligue firmemente às regiões hidrofóbicas do recetor, o que estabiliza a posição da molécula e contribui para a sua forte ligação ao recetor.

Quando se analisam as interações das três moléculas, verifica-se que as ligações de hidrogénio e as ligações carbono-hidrogénio predominam nas interações dos *PBüEs* com o recetor. Embora estas ligações assegurem uma localização estável da molécula no sítio ativo, têm um potencial de ligação mais fraco do que as outras duas moléculas.

O PBüHy pode ligar-se fortemente ao recetor através de interações de hidrogénio e electrostáticas. A interação pi-cátion com HIS41 assegura um posicionamento estável da molécula no local ativo e aumenta a força de ligação ao recetor. Além disso, com a adição de ligações de halogéneo, a força de ligação do *PBüHy* ao recetor pode ser considerada mais forte.

O co-ligando é caracterizado por ligações de halogéneo, bem como por ligações de hidrogénio, o que lhe permite alcançar uma posição mais robusta no recetor. A elevada atração das ligações de halogéneo indica que o co-ligando tem um potencial de ligação ao recetor mais forte do que outras moléculas. Além disso, as interações hidrofóbicas estabelecidas com o MET49 e o MET165 revelam que o co-ligando oferece um potencial de ligação mais forte em locais hidrofóbicos.

Em conclusão, entre as três moléculas, o co-ligando destaca-se como a molécula que se liga mais fortemente ao recetor 8IGY. Pode ligar-se mais firmemente ao recetor devido às suas ligações de halogéneo e à sua extensa rede de ligações de hidrogénio. *O PBüHy* destaca-se pelas suas fortes interações electrostáticas e hidrofóbicas, enquanto *o PBüEs* tem uma rede de interação mais limitada e apresenta uma ligação relativamente mais fraca. A compreensão das interações destas moléculas pode fornecer informações importantes sobre a conceção de medicamentos e a biologia molecular. Como cada uma delas pode interagir com o recetor através de mecanismos diferentes, estas propriedades devem ser tidas em conta para desenvolver potenciais estratégias terapêuticas.

4. SIMULAÇÕES DE DINÂMICA MOLECULAR (MD)

As simulações de dinâmica molecular (MDS) são um método poderoso amplamente utilizado para analisar o comportamento estrutural e a dinâmica de interação de biomoléculas [30]. Neste estudo, foram preparadas simulações de dinâmica molecular para estudar as interações de três ligandos diferentes denominados *PBüEs*, *PBüHy* e co-ligando com o recetor [31]. Os ficheiros de configuração do sistema e os parâmetros do campo de forças necessários para a correta execução da simulação foram criados com o programa Amber.

Durante o processo de simulação, foram preparados os ficheiros inpcrd e prmtop, que são ficheiros de coordenadas e de topologia para cada sistema. O ficheiro inpcrd estabelece as condições iniciais da simulação, definindo as posições iniciais de cada átomo do sistema no espaço tridimensional. Graças a este ficheiro, as posições iniciais de cada molécula e de cada recetor são definidas em pormenor. O ficheiro Prmtop contém informações topológicas tais como ligações, ângulos, torções e cargas entre moléculas. Este ficheiro fornece todos os parâmetros estruturais necessários ao programa Amber [32] para simular as interações atómicas entre as moléculas.

Os campos de força utilizados nas simulações são de grande importância para descrever as propriedades químicas das moléculas e para garantir a exatidão biológica das simulações. Neste estudo, foram preferidos os campos de força ff14SB e GAFF. O campo de forças ff14SB está optimizado para modelar as propriedades estruturais das proteínas e permite simular com precisão as interações atómicas do recetor. O GAFF (General Amber Force Field) foi desenvolvido para pequenas moléculas orgânicas e tem sido utilizado para modelar as propriedades dinâmicas de ligandos *como PBüEs*, *PBüHy* e co-ligandos. O GAFF é particularmente adequado para modelar compostos farmacêuticos ou orgânicos e fornece resultados eficientes sobre as interações dos ligandos com o recetor.

Os processos de neutralização da simulação são importantes para o equilíbrio elétrico dos sistemas. Um desequilíbrio de cargas líquidas no ambiente de simulação pode levar a interações intermoleculares irrealistas. Portanto, a neutralização elétrica para cada complexo foi realizada através da adição de iões de sódio (Na^+). Com a adição estratégica de iões de sódio, o ambiente de simulação foi neutralizado e o equilíbrio eletrostático foi alcançado. Como resultado desse processo, obteve-se um ambiente de simulação mais próximo das condições biológicas.

Com todos estes procedimentos preparatórios, os sistemas equipados com os ficheiros inpcrd e prmtop, configurados com os campos de força ff14SB e GAFF, e neutralizados com iões de sódio, estavam prontos para serem lançados através do programa Amber para simulações de dinâmica molecular. Com estas configurações, a dinâmica de ligação de cada molécula ao recetor, a sua estabilidade estrutural e as suas interações ao longo do tempo podem ser analisadas de forma fiável e o comportamento dinâmico de todo o sistema pode ser estudado em pormenor (Figura 25).

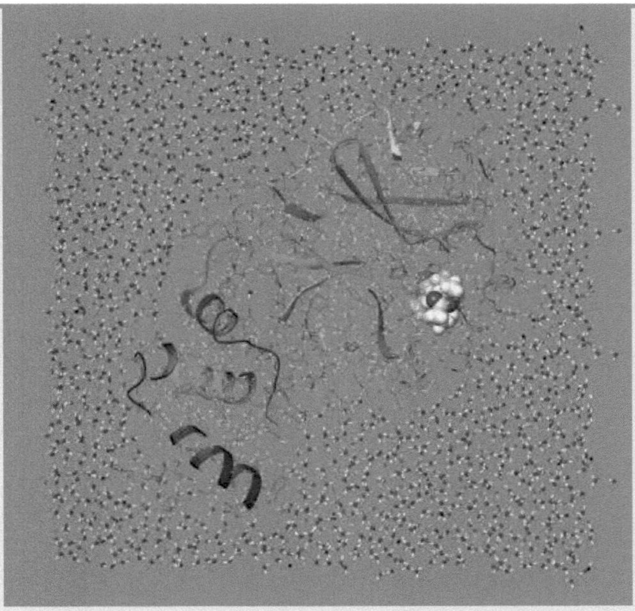

(a)

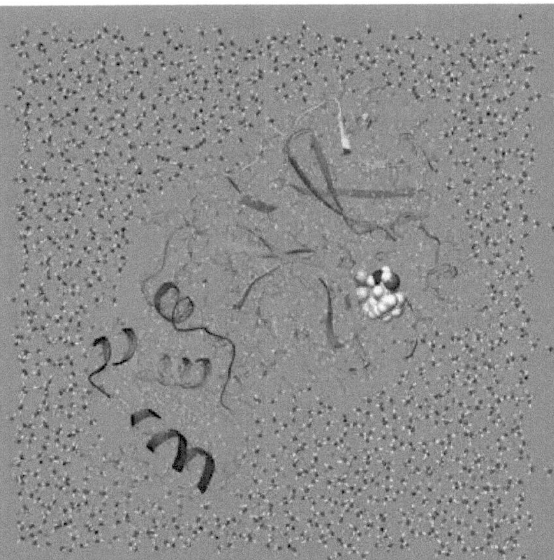

(b)

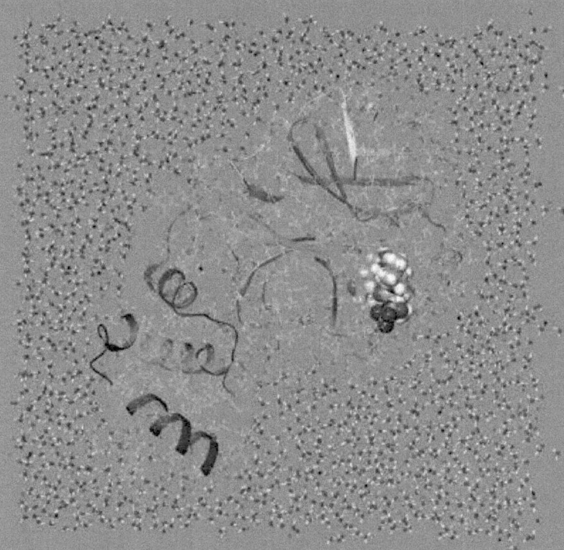

(c)

Figura 25. Sistema de (a) *PBüEs-8IGY* (b) *PBüHy-8IGY* (c) co-ligante-8IGY cheio de água, neutralizado com ligante (verde), iões Na^+

Na Figura 26, observa-se que, após a minimização da energia, o valor da energia potencial dos três complexos estabilizou no mesmo nível, ou seja, -529000 kcal/mol. Isto indica que as interações entre *PBüEs*, *PBüHy* e co-ligando e o recetor 8IGY atingem níveis de energia semelhantes após a minimização da energia e que os três sistemas atingem um estado estável. Com base nesta informação, podemos interpretar cada complexo da seguinte forma:

Complexo *PBüEs-8IGY*: Embora a energia potencial inicial do *PBüEs* fosse bastante elevada, registou uma rápida queda de energia durante o processo de minimização e estabilizou a -529000 kcal/mol. Isto indica que *o PBüEs* interage de forma bastante favorável com o recetor 8IGY e estabiliza durante o processo de minimização. *O PBüEs* reduziu eficazmente o nível de energia do sistema e apresentou um forte perfil de ligação com o recetor.

Complexo *PBüHy-8IGY*: Embora a energia potencial inicial do *PBüHy* estivesse a um nível mais baixo em comparação com os *PBüEs*, atingiu o mesmo valor de energia, -529000 kcal/mol, após a minimização da energia. Isto indica que *o PBüHy* também apresenta uma interação compatível com o recetor, mas com uma energia inicial relativamente mais baixa. Como resultado, *o PBüHy* também formou uma estrutura estável, mas não necessitou de uma queda de energia tão grande como o *PBüEs*.

Complexo Co-ligando-8IGY: A energia potencial inicial para o Co-ligando pode ser mais baixa em comparação com os outros dois complexos, sugerindo que segue uma dinâmica de ligação diferente com o recetor. No entanto, como resultado da minimização da energia, este complexo também foi estabilizado a -529 kcal/mol. Isto indica que o co-ligando atingiu um nível de energia semelhante ao dos outros complexos no final da minimização de energia, mesmo que tivesse uma ligação relativamente menos específica ou fraca com o recetor.

Mesmo nível de energia: O facto de os três sistemas atingirem o mesmo nível de energia potencial após a minimização da energia indica que a estabilidade destes complexos é semelhante após a minimização. Mesmo que as energias iniciais sejam diferentes, verifica-se que cada complexo atinge o mesmo estado estável após a minimização.

Diferenças de energia inicial e estabilização: *O PBüEs*, sendo o sistema com o nível de energia inicial mais elevado, sofreu a maior queda de energia, o que lhe permitiu interagir fortemente com o recetor. *O PBüHy*, por outro lado, iniciou a minimização com uma energia inicial mais baixa e registou uma queda de energia mais limitada. O co-ligante pode ter um perfil de energia inicial mais baixo do que as outras moléculas; no entanto, estabilizou após a minimização da energia e atingiu o mesmo nível de energia que os outros complexos.

Estes dados revelam que todos os complexos têm estabilidades semelhantes após a minimização de energia, mas os seus níveis de energia iniciais e processos de minimização diferem.

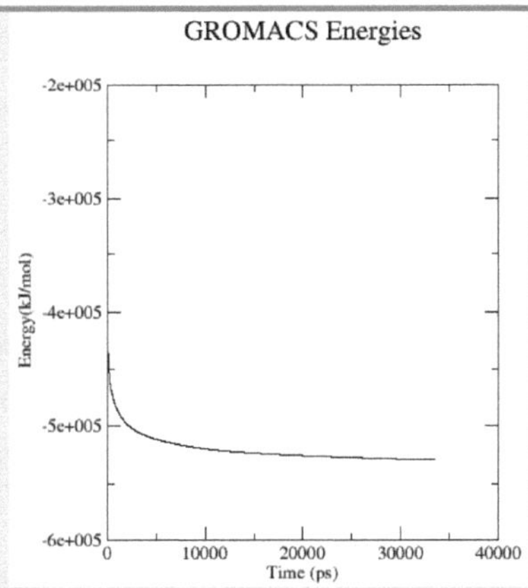

(a)

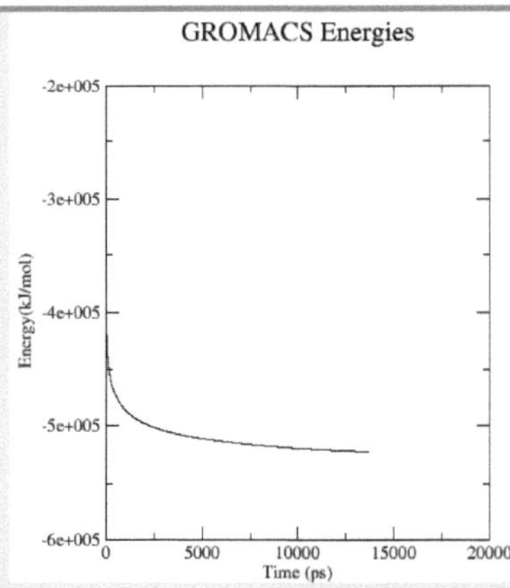

(b)

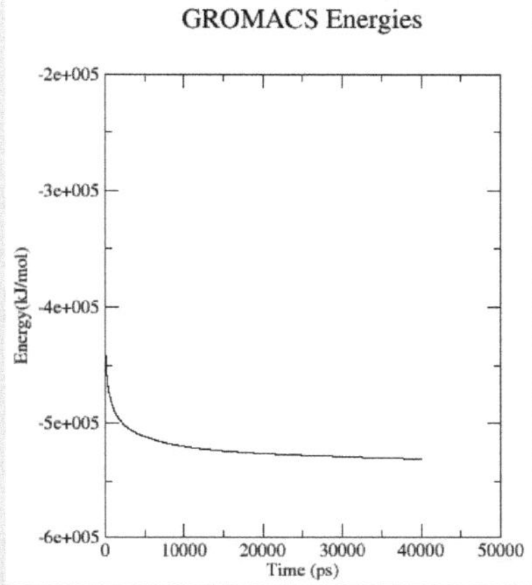

(c)

Figura 26. Variação da energia potencial dos sistemas (proteína+água+iões) obtida por minimização da energia dos complexos (a) *PBüEs-8IGY*(b) *PBüHy-8IGY* (c) *co-ligando-8IGY*

Antes de iniciar as simulações de dinâmica molecular (MD), é necessário equilibrar os iões e as moléculas de solvente no sistema. O sistema deve ser levado a uma determinada temperatura sob uma pressão constante e a temperatura deve estabilizar-se. É importante seguir estes passos para obter resultados fiáveis.

Para realizar a dinâmica molecular (MD), foram efectuadas simulações utilizando o ensemble NVT (número constante de átomos, volume e temperatura) seguido do ensemble NPT (número constante de átomos, pressão e temperatura). Estes métodos são passos importantes para garantir que o sistema atinge o equilíbrio e para criar condições de simulação mais realistas. Vamos examinar em pormenor como são implementadas as duas etapas:

1. Fase NVT: Na primeira etapa das simulações, o sistema é equilibrado a volume (V) e temperatura (T) constantes. Neste processo, as moléculas podem mover-se livremente enquanto a temperatura é mantida constante, permitindo que o sistema atinja o equilíbrio a uma determinada temperatura. A fase NVT é importante para que o sistema se adapte à temperatura e ao movimento natural das moléculas. Atingir o equilíbrio de temperatura é

um passo crítico, especialmente para que as proteínas e os ligandos realizem os seus movimentos conformacionais naturais.

2. Fase NPT: Depois que a temperatura atingiu o equilíbrio, a simulação foi mudada para o conjunto NPT, onde o volume foi liberado para permitir que o sistema se equilibrasse a uma pressão constante (P). A fase NPT permite que o sistema seja simulado numa pressão mais próxima das condições ambientais e no seu volume natural. Nesta fase, após o sistema atingir o equilíbrio de temperatura, as lacunas intermoleculares são ajustadas e obtém-se uma organização de volume adequada. Isto assegura que o sistema está num estado de equilíbrio completo para os cálculos RMSD [33].

Após estes dois passos, foram efectuadas simulações dos complexos *PBüEs-8IGY*, *PBüHy-8IGY* e co-ligando (clig)-8IGY na estrutura equilibrada e foram calculados os valores do desvio quadrático médio (RMSD) de cada sistema (Figura 27).

Comparação e interpretação dos resultados RMSD:

Complexo co-ligante-8IGY (azul): Após a conclusão dos passos NVT e NPT, o valor RMSD do co-ligando manteve-se a um nível muito baixo durante toda a simulação e apresentou a menor flutuação. Isto indica que o complexo co-ligando-8IGY é estruturalmente muito estável e permanece numa conformação estável durante toda a simulação. Este perfil revela que o co-ligando está ligado ao recetor de forma firme e estável e apresenta alterações conformacionais mínimas. Isto indica que o co-ligando tem uma elevada compatibilidade estrutural com o recetor e apresenta a maior estabilidade.

2. Complexo *PBüEs-8IGY* (preto): O valor RMSD do *PBüEs* também se manteve a um nível relativamente baixo ao longo da simulação e apresentou um perfil estável, mas flutuou mais do que o complexo co-ligando-8IGY. *O PBüEs* parece interagir harmoniosamente com o recetor e tem uma estrutura estável; no entanto, não atingiu uma conformação tão estável como o co-ligando. Isto indica que *o PBüEs* se liga bem ao recetor mas apresenta uma certa flexibilidade estrutural.

3. Complexo *PBüHy-8IGY* (vermelho): O valor RMSD do *PBüHy* flutuou mais do que os outros complexos ao longo da simulação e tendeu a aumentar com o tempo. Isto indica que a estabilidade estrutural do complexo *PBüHy-8IGY* é relativamente baixa e apresenta uma interação mais flexível com o recetor. *O PBüHy* apresenta mais alterações

conformacionais ao longo da simulação e tem um perfil de ligação ao recetor menos estável do que as outras moléculas.

Comparação geral:

Estabilidade: O complexo co-ligando-8IGY destaca-se como a estrutura mais estável ao longo da simulação, apresentando o valor RMSD mais baixo e as menores flutuações. O co-ligando parece mostrar a maior compatibilidade estrutural com o recetor.

Compatibilidade estrutural: O complexo *PBüEs-8IGY*, embora não tão estável como o co-ligando, apresentou um perfil estável com um valor RMSD relativamente baixo. *O PBüHy* destaca-se como a estrutura menos estável, apresentando a maior flutuação.

Em conclusão, as análises RMSD de sistemas equilibrados com fases NVT e NPT concluídas revelam que o complexo co-ligando-8IGY tem a estabilidade estrutural mais elevada, o complexo *PBüEs-8IGY* apresenta uma estabilidade moderada e o complexo *PBüHy-8IGY* tem uma estabilidade inferior.

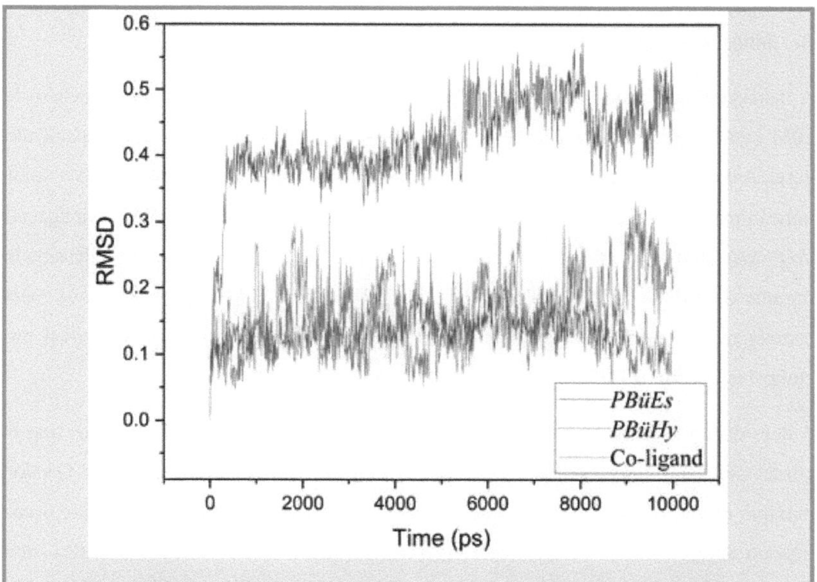

Figura 27. Gráfico do desvio quadrático médio (RMSD) dos ligandos nos complexos PBüEs-8IGY (preto), *PBüHy-8IGY* (vermelho) e PBüHy-8IGY (azul) do co-ligando-8IGY

Os gráficos de densidade-tempo na Figura 28 mostram as variações de densidade dos complexos *PBüEs-8IGY*, *PBüHy-8IGY* e co-ligante-8IGY. O facto de os valores médios da densidade de todos os complexos serem os mesmos indica que os três sistemas são geralmente semelhantes em termos de compacidade e estabilidade estrutural. No entanto, as diferenças entre os valores máximo e mínimo da densidade fornecem informações adicionais para compreender a estabilidade ou flexibilidade de cada complexo durante a simulação.

O valor médio da densidade do complexo *PBüEs-8IGY* foi observado como sendo 1031 kg/m^3. Isto mostra que tem a mesma densidade que os outros dois complexos e apresenta uma estrutura global compacta. O valor máximo de densidade do *PBüEs* foi medido no nível mais alto com 1043 kg/m^3. Este valor indica que *os PBüE* interagem mais fortemente com o recetor em determinados períodos de tempo e que o sistema se torna momentaneamente mais compacto. O valor mínimo de densidade foi medido em 1017 kg/m^3 e foi o mais baixo entre os três complexos. Esta ampla gama de densidades (26 kg/m^3 de diferença) implica que o complexo *PBüEs-8IGY* apresenta por vezes flexibilidade estrutural e torna-se menos compacto em determinados pontos.

A densidade média do complexo *PBüHy-8IGY* também foi observada como sendo de 1031 kg/m^3, indicando que é semelhante a outros complexos em termos de compacidade geral. A densidade máxima do complexo *PBüHy* foi medida em 1039 kg/m^3. Este valor indica uma densidade máxima ligeiramente inferior à dos *PBüEs* e sugere que a ligação *do PBüHy* ao recetor é menos apertada do que a dos *PBüEs*. Observou-se que a densidade mínima do *PBüHy* era de 1021 kg/m^3, indicando que *o PBüHy* tem uma gama mais estreita no seu perfil de densidade (diferença de 18 kg/m^3) e é menos flexível em comparação com *os PBüEs*.

A densidade média do complexo co-ligando-8IGY é também a mesma que a dos outros complexos, 1031 kg/m^3, indicando que tem um nível semelhante de compacidade. O valor máximo da densidade do co-ligando foi medido em 1041 kg/m^3. Isto indica que o co-ligando apresenta uma compacidade ligeiramente superior à *do PBüHy* e realiza uma ligação compatível com o recetor. O valor mínimo da densidade permaneceu no intervalo mais estreito (diferença de 18 kg/m^3) a 1023 kg/m^3, indicando que o co-ligando tem o perfil de densidade mais estável. Isto implica que o complexo co-ligando-8IGY apresenta as menores flutuações ao longo da simulação e permanece estruturalmente bastante estável e compacto.

O complexo co-ligando-8IGY apresentou o intervalo de densidade mais estreito (1023-1041 kg/m^3) e exibiu a estrutura mais estável e estável. Isto mostra que o co-ligando tem uma ligação muito compatível e compacta com o recetor.

O complexo *PBüEs-8IGY* apresenta o intervalo mais alargado entre os valores máximo e mínimo da densidade (1017-1043 kg/m^3). Isto sugere que *o PBüEs* apresenta uma maior flexibilidade estrutural na sua ligação ao recetor, experimenta por vezes mais flutuações de densidade e o sistema varia conformativamente mais do que os outros complexos. O complexo *PBüHy-8IGY*, por outro lado, apresentou uma flexibilidade moderada, exibindo uma densidade no intervalo de 1021-1039 kg/m^3.

Em conclusão, embora os valores médios de densidade de todos os complexos sejam os mesmos, as diferenças entre os valores máximos e mínimos de densidade indicam que o complexo co-ligando-8IGY tem a estrutura mais estável e compacta, o complexo *PBüEs-8IGY* apresenta a estrutura mais flexível com o intervalo de densidade mais alargado e o complexo *PBüHy-8IGY* situa-se entre estes dois. Esta análise revela que o co-ligando tem a melhor compatibilidade com o recetor, seguido do *PBüHy*, enquanto *o PBüEs* tem a estrutura mais variável.

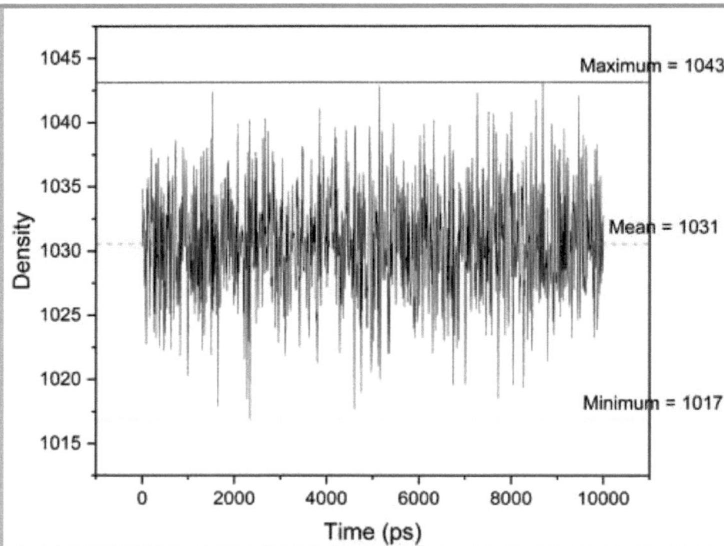
Maximum = 1043
Mean = 1031
Minimum = 1017
Density
Time (ps)

(a)

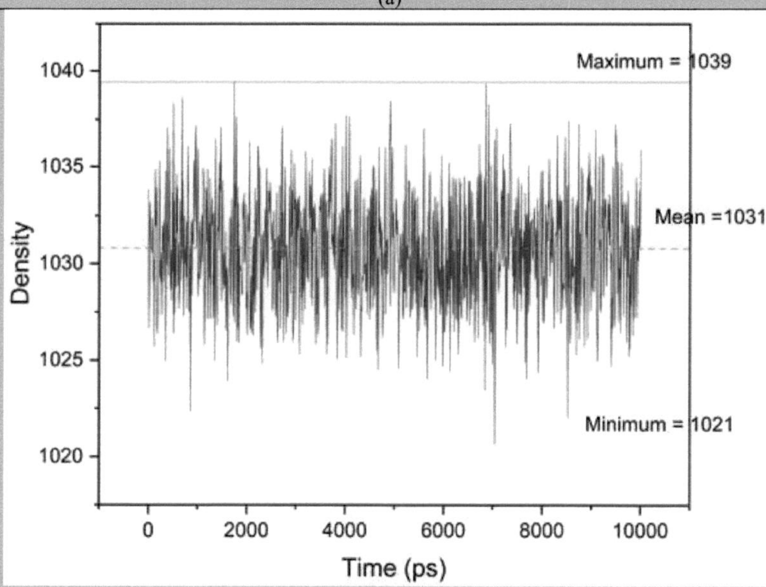
Maximum = 1039
Mean =1031
Minimum = 1021
Density
Time (ps)

(b)

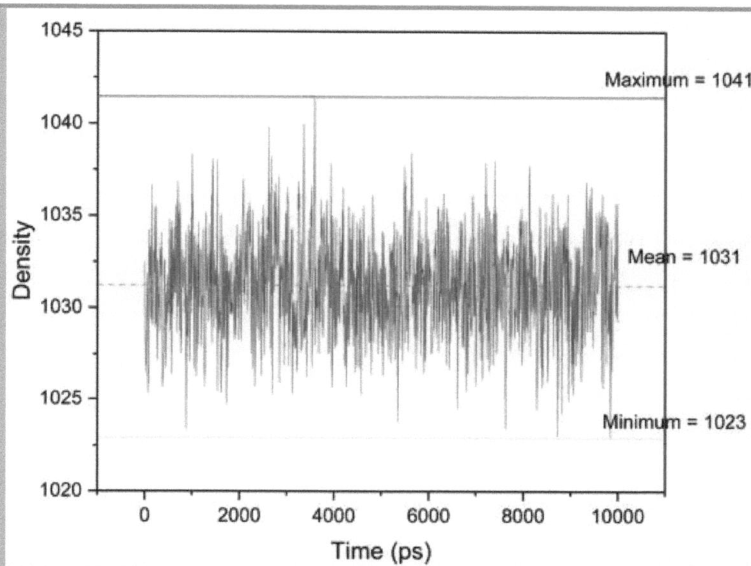

(c)

Figura 28. Gráfico de densidade de (a) PBüEs-8IGY(b) PBüHy-8IGY(c) co-ligando-8IGY

Os gráficos da Figura 29 mostram as alterações no número de ligações de hidrogénio entre o recetor (8IGY) e três moléculas diferentes (*PBüEs*, *PBüHy* e um co-ligando) ao longo de 10000 ps. O número de ligações de hidrogénio formadas entre o *PBüEs* e o recetor é notavelmente limitado, com uma contagem máxima de 2 em todo o gráfico. Isto sugere que *o PBüEs* apresenta uma afinidade de ligação ao recetor mais fraca do que as outras duas moléculas ou que a região de ligação do *PBüEs* contribui menos para a formação de ligações de hidrogénio.

Por outro lado, observa-se que *o PBüHy* tem uma interação mais forte com o recetor, com a contagem de ligações de hidrogénio a atingir 8. Isto indica que *o PBüHy* forma ligações de hidrogénio mais estáveis e sustentadas com o recetor. Do mesmo modo, o número de ligações de hidrogénio formadas entre o co-ligando e o recetor também atinge 8, sugerindo que o co-ligando tem uma afinidade de ligação mais forte do que *os PBüEs* e estabelece uma interação estreita com o recetor, semelhante ao *PBüHy*. Globalmente, pode concluir-se que *o PBüHy* e o co-ligando formam ligações de hidrogénio mais fortes com o recetor e, por conseguinte, possuem um potencial de ligação mais elevado do que *os PBüEs*. Este facto está de acordo com os resultados dos cálculos de acoplamento molecular, em que a pontuação de acoplamento é mais elevada para estas moléculas.

Estes resultados sublinham que as simulações de dinâmica molecular são uma ferramenta poderosa para compreender a dinâmica e as especificidades das interações ligando-proteína-recetor. A análise das ligações de hidrogénio ajuda a obter uma visão mais profunda da natureza destas interações e alinha-se com os resultados dos cálculos de acoplamento molecular.

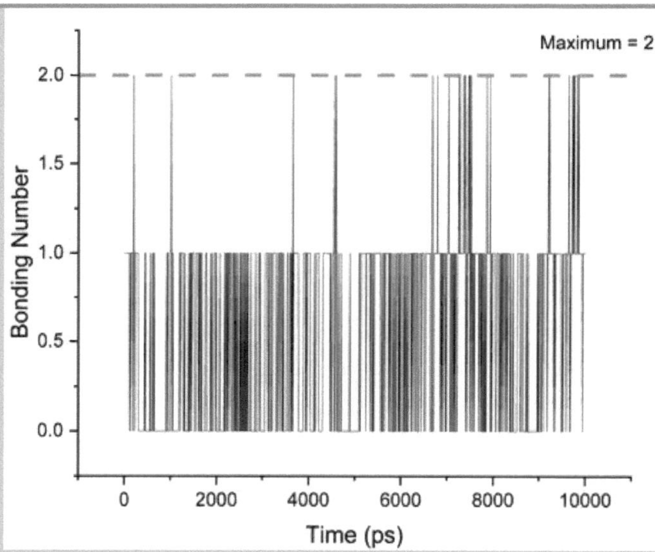

(a)

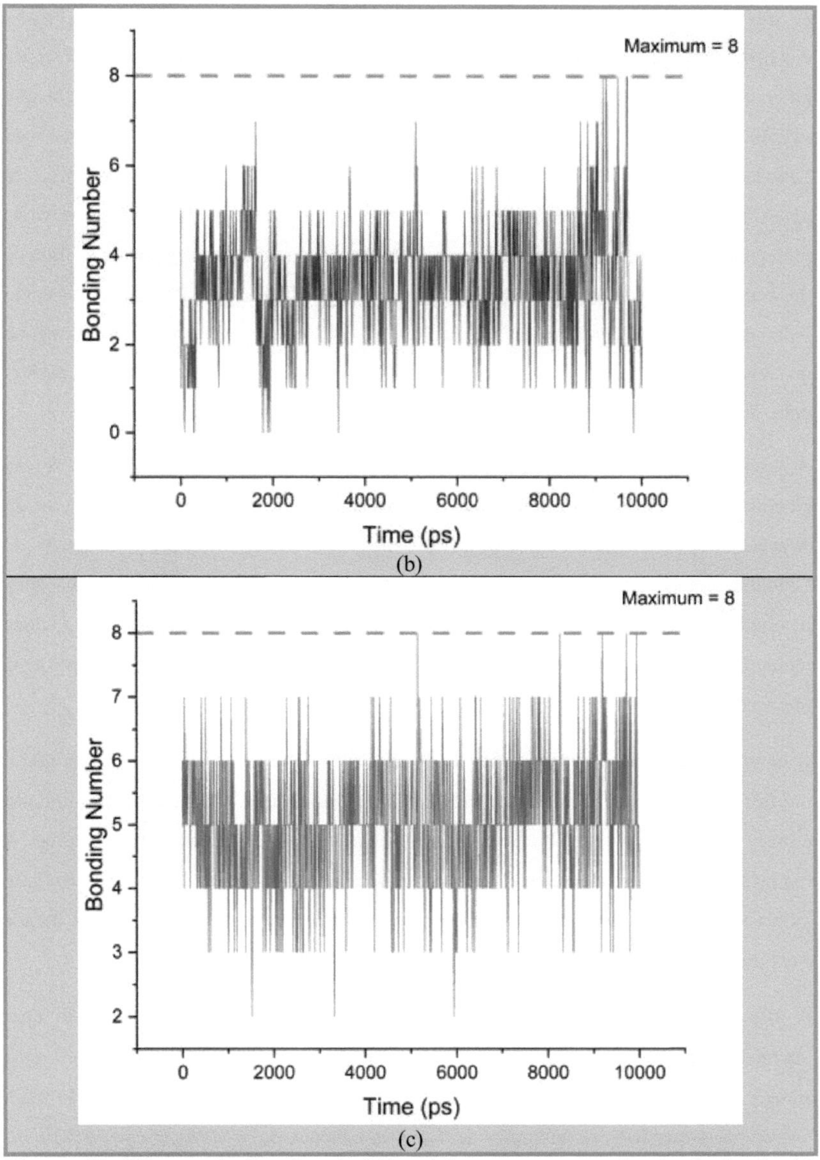

Figura 29. Número de ligações de hidrogénio versus tempo de simulação de (a) complexos PBüEs-8IGY(b) PBüHy-8IGY(c) co-ligando-8IGY

As interações de Lennard-Jones (Figura 30) e de Coulomb (Figura 31) são duas forças-chave de curto alcance essenciais para compreender a natureza da ligação e das interações entre moléculas. A interação de Lennard-Jones representa uma energia potencial que modela as forças de van der Waals e as forças repulsivas entre moléculas. Esta interação descreve a combinação de forças atractivas e repulsivas quando duas moléculas se aproximam uma da outra. A parte atractiva do potencial de Lennard-Jones incentiva as moléculas a aproximarem-se a uma certa distância, enquanto a parte repulsiva as impede de se aproximarem demasiado. Assim, a interação de Lennard-Jones determina o contacto físico das moléculas com a superfície recetora e a estabilidade com que se posicionam na mesma. Uma energia de Lennard-Jones negativa indica uma interação física compatível entre as moléculas e a superfície recetora [34, 35].

A interação de Coulomb, por outro lado, é um potencial que descreve as forças electrostáticas entre iões ou moléculas polarizadas. Esta interação reflecte as forças de atração ou repulsão entre cargas positivas e negativas entre moléculas. A interação de Coulomb determina a compatibilidade eletrostática e a força de atração entre duas moléculas. Uma energia de Coulomb negativa indica uma atração eletrostática entre duas moléculas, sugerindo que estas são atraídas uma para a outra, enquanto um valor positivo representa uma interação repulsiva [36, 37].

A interação média de Lennard-Jones do *PBüEs* com o recetor é de -155 kJ/mol, que é inferior à das outras moléculas. Isto sugere que *o PBüEs* estabelece um contacto limitado com a superfície do recetor e tem uma fraca interação de ligação com a mesma. A interação de Coulomb média do *PBüEs* é de -34 kJ/mol, um valor de Coulomb baixo, que indica uma atração eletrostática fraca com o recetor e, consequentemente, uma menor estabilidade de ligação.

A interação média de Lennard-Jones do *PBüHy* é de -164 kJ/mol, indicando uma interação de superfície mais forte em comparação com os *PBüEs*. Isto sugere que *o PBüHy* está em melhor alinhamento físico com o recetor e consegue uma ligação mais estável na superfície. A interação de Coulomb média do *PBüHy* é de -89 kJ/mol, indicando uma interação eletrostática mais forte com o recetor. Este valor de Coulomb mais elevado sugere que *o PBüHy* está num alinhamento eletrostático mais compatível com a superfície do recetor.

A interação média de Lennard-Jones do co-ligando, a -232 kJ/mol, é a mais elevada, indicando um contacto físico muito forte com a superfície do recetor. Esta forte compatibilidade com a superfície apoia uma forte ligação do co-ligando ao recetor. A interação média de Coulomb do co-ligando, a -206 kJ/mol, é também altamente negativa, indicando uma atração eletrostática muito forte pelo recetor. Esta forte interação de Coulomb sugere que o co-ligando apresenta uma excelente compatibilidade eletrostática com o recetor e é capaz de formar uma interação de ligação estável.

As baixas interações de Lennard-Jones e de Coulomb indicam que *o PBüEs* forma uma ligação fraca com o recetor e estabelece uma interação limitada com a superfície. Por conseguinte, a estabilidade de ligação do *PBüEs* pode ser inferior à das outras duas moléculas. *O PBüHy*, com valores mais elevados nas interações de Lennard-Jones e de Coulomb em comparação com o *PBüEs*, consegue um contacto mais forte com a superfície e uma melhor compatibilidade eletrostática com o recetor. Isto sugere que *o PBüHy* pode ligar-se de forma mais estável ao recetor e apresentar uma interação mais forte.

Com os valores mais elevados de Lennard-Jones (-232 kJ/mol) e a interação de Coulomb negativa mais forte (-206 kJ/mol), o co-ligando demonstra a ligação e a estabilidade mais fortes com o recetor. A forte compatibilidade física do co-ligando (Lennard-Jones) e a atração eletrostática (Coulomb) indicam que forma uma ligação altamente estável com o recetor e tem potencial para uma interação duradoura.

Neste contexto, o co-ligando é a mais vantajosa das moléculas em termos de ligação ao recetor e é suscetível de apresentar a maior estabilidade. Enquanto *o PBüHy* também apresenta um bom potencial de ligação ao recetor, *o PBüEs* apresenta uma estabilidade de ligação mais limitada.

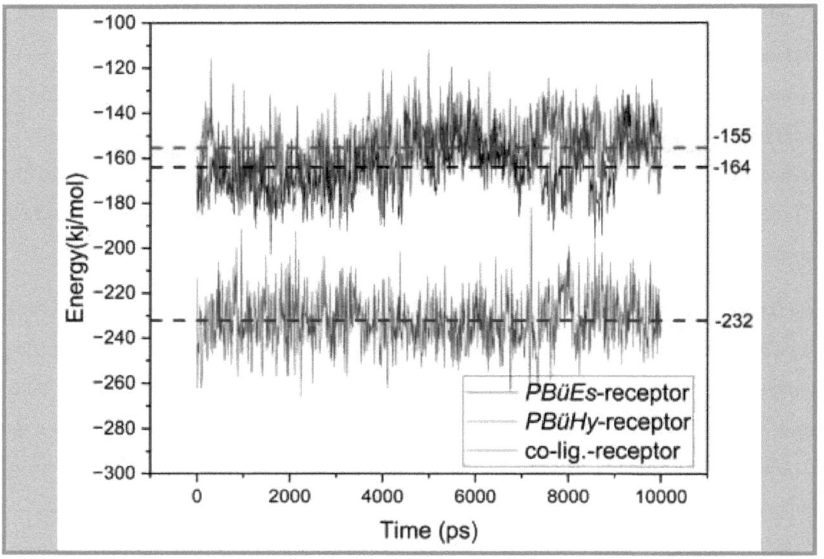

Figura 30. Energias de interação de curto alcance (Lennard-Jones) entre a proteína e o ligando

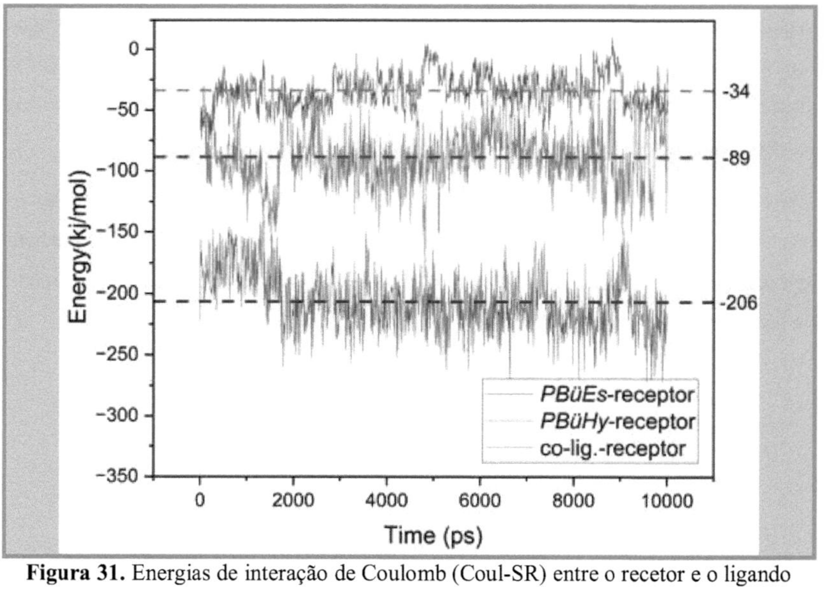

Figura 31. Energias de interação de Coulomb (Coul-SR) entre o recetor e o ligando

Área de superfície acessível ao solvente (SASA)

A Área de Superfície Acessível ao Solvente (SASA) representa a porção da superfície de uma molécula que é acessível ao solvente (normalmente água). A SASA é particularmente importante em análises estruturais de proteínas e outras biomoléculas, uma vez que a área de superfície que interage com o solvente fornece informações sobre a estabilidade da proteína, mecanismos de dobragem e locais de ligação. Nas interações proteína-ligando, a SASA é utilizada para determinar a extensão da alteração da superfície induzida pela ligação do ligando à proteína [38-43].

A SASA também pode ser utilizada para avaliar a hidrofobicidade de uma molécula. As moléculas hidrofóbicas tendem a ter áreas maiores que são inacessíveis às moléculas de solvente. Além disso, a SASA pode ser utilizada para avaliar a polaridade molecular, uma vez que as moléculas polares tendem a apresentar áreas de superfície mais pequenas acessíveis ao solvente [44-47].

Na Figura 32a, o valor SASA para a proteína isolada é determinado como sendo em média 145, enquanto o valor SASA para o complexo proteína-ligante *PBüEs* é calculado como 144. Isto indica que a ligação de *PBüEs* causa uma redução muito ligeira na área de superfície da proteína exposta ao solvente. A diferença mínima sugere que a ligação do PBüEs não reduz significativamente a região da superfície acessível ao solvente, o que implica que *o PBüEs* não provoca alterações substanciais na área da superfície quando ligado à proteína.

Na Figura 32b, o SASA da proteína é medido a 146, enquanto o SASA do complexo proteína-ligante PBüHy é 145. A ligação do *PBüHy* reduz a área de superfície exposta ao solvente da proteína em apenas uma unidade. Esta pequena diferença sugere que a ligação *do PBüHy* não causa grandes alterações na área da superfície, indicando que *o PBüHy* pode interagir com a proteína de uma forma mais superficial ou limitada.

Na Figura 32c, o valor SASA para a proteína isolada é, em média, 144, diminuindo para 142 para o complexo proteína-co-ligante. Esta diminuição de duas unidades representa uma redução mais notória da área de superfície acessível por solvente em comparação com os outros dois ligandos. Este facto sugere que o co-ligante cobre mais superfície da proteína quando ligado, indicando provavelmente uma associação mais estreita com a proteína.

De acordo com os três gráficos e os valores médios, todas as ligações de ligandos levam a uma pequena redução da SASA da proteína, mas a ligação do co-ligando demonstra uma cobertura de superfície mais pronunciada do que os outros dois ligandos. Isto implica que o co-ligando pode estabelecer uma interação mais forte ou mais abrangente com a proteína. Em contraste, as ligações de *PBüEs* e *PBüHy* induzem apenas alterações muito ligeiras na área de superfície exposta ao solvente, sugerindo que estes ligandos se ligam mais superficialmente à proteína ou que os seus locais de ligação não alteram significativamente a acessibilidade do solvente.

Estes tipos de análises SASA são valiosos para comparar as propriedades e as forças de ligação dos ligandos. A Figura 33 apresenta as superfícies SASA das três estruturas complexas. Estes resultados melhoram a nossa compreensão do modo como a ligação do ligando afecta as alterações estruturais das proteínas [48].

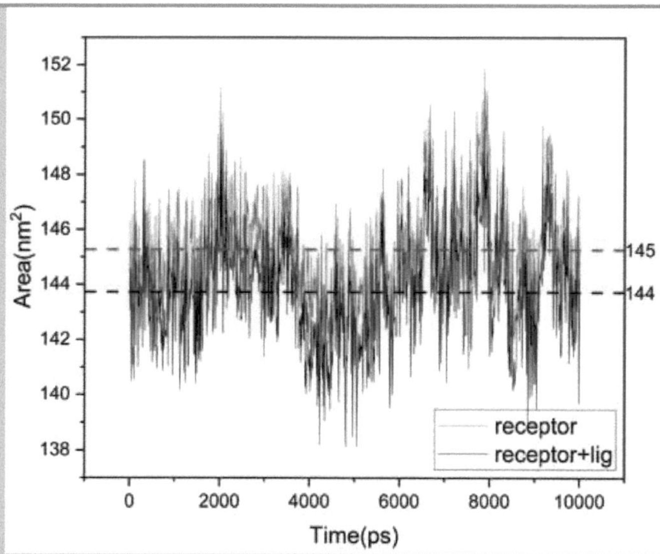

(a)

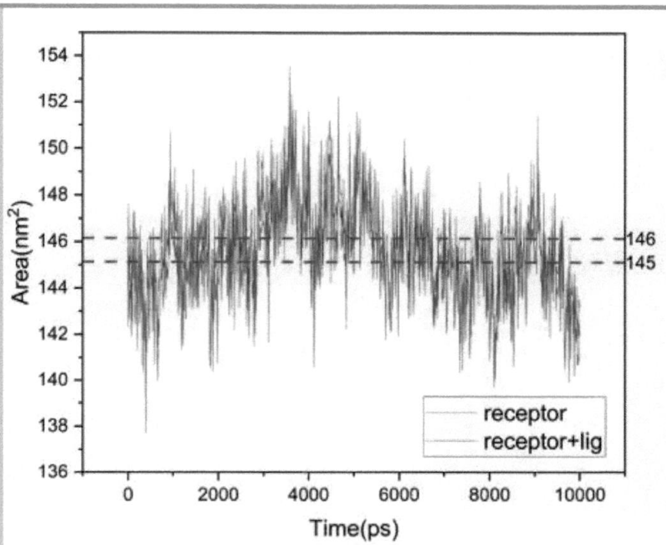

(b)

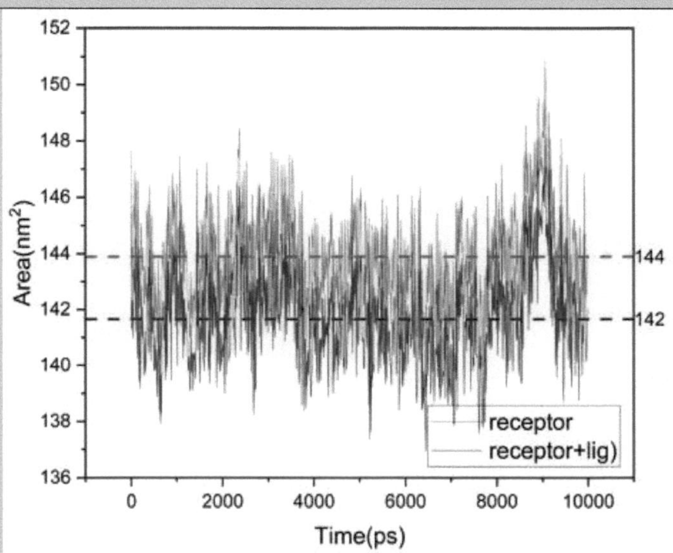

(c)

Figura 32. Área de superfície acessível ao solvente da proteína livre e estruturas complexas (a) PBüEs-8IGY(b) PBüHy-8IGY (c) colig-8IGY

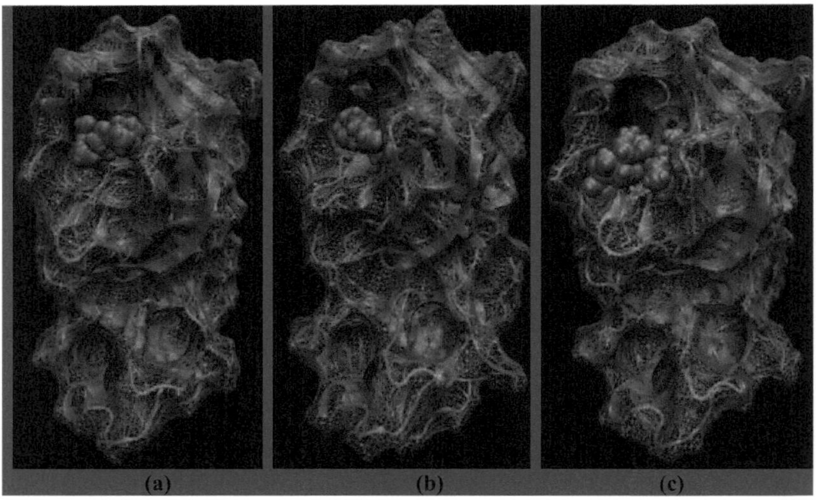

Figura 33. SASA dos complexos (a) PBüEs-8IGY (b) PBüHy-8IGY (c) colig-8IGY

5. EFEITO DAS ADIÇÕES MOLECULARES NA CONDUTIVIDADE ELÉCTRICA DA ESTRUTURA DO DNA

Neste estudo, foi analisado o impacto das moléculas *PBüEs* e *PBüHy* na estrutura eletrónica do ADN. O principal objetivo da investigação é melhorar a nossa compreensão das interações droga-DNA a nível molecular e avaliar a potencial aplicação do DNA na tecnologia de sensores. Um exame detalhado das alterações electrónicas que ocorrem na estrutura do ADN após a adição de moléculas *de PBüEs* e *PBüHy* é um passo fundamental para compreender os perfis de interação do ADN com moléculas de fármacos específicas.

Para o efeito, as moléculas *PBüEs* e *PBüHy* foram adicionadas a quatro regiões distintas do ADN (sec1...sec4) para formar complexos molécula-ADN (Figuras 34 e 35). Cada região foi selecionada para investigar a forma como as adições moleculares influenciam as propriedades electrónicas do ADN e para explorar potenciais locais de ligação visados por estas moléculas. A análise dos valores HOMO (orbital molecular ocupado mais elevado) e LUMO (orbital molecular desocupado mais baixo) na estrutura modificada do ADN revela alterações na reatividade e no potencial de ligação do ADN. As análises das orbitais HOMO-LUMO fornecem informações sobre as mudanças nos níveis de energia e na distribuição da densidade eletrónica, oferecendo informações valiosas sobre a afinidade e as tendências de ligação das moléculas ao ADN.

Os cálculos da estrutura eletrónica foram efectuados utilizando a teoria do funcional da densidade (DFT) com o funcional B3LYP e o conjunto de bases 6-31G(d). O método DFT/B3LYP/6-31G(d) foi escolhido como modelo teórico adequado para prever com precisão os efeitos electrónicos das adições moleculares ao ADN. Esta metodologia permitiu cálculos precisos dos deslocamentos da densidade eletrónica e das energias de ligação nas regiões de interação entre o ADN e as moléculas. Os resultados demonstram a forma como cada adição molecular afecta as energias orbitais do ADN, permitindo um exame detalhado das alterações nas propriedades de aceitador ou dador de electrões do ADN.

O nosso estudo destaca a forma como as modificações estruturais electrónicas do ADN, conseguidas através de alterações a nível molecular, podem ser aproveitadas na conceção de sensores baseados no ADN e no desenvolvimento de medicamentos. Ao modular as propriedades electrónicas do ADN através de adições moleculares, demonstra-se que a sensibilidade a moléculas específicas pode ser melhorada e que tais modificações podem ser utilizadas para otimizar as interações ADN-molécula. Estas descobertas fornecem uma nova perspetiva sobre a funcionalização do ADN e as interações controladas com moléculas específicas, abrindo caminho para abordagens inovadoras no desenvolvimento de biossensores e na conceção de medicamentos específicos [49-51].

Em 1974, Aviram e Ratner propuseram uma ideia inovadora no domínio da eletrónica molecular: aproveitar as propriedades electrónicas intrínsecas das moléculas para miniaturizar drasticamente os dispositivos electrónicos em circuitos integrados. Este conceito pioneiro lançou os investigadores numa busca para reduzir ainda mais a escala dos circuitos integrados, levando a numerosos estudos sobre a utilização de moléculas com capacidades de condutividade, comutação e processamento de dados a nível molecular [52-56]. Estes esforços abrangeram investigações teóricas e experimentais sobre a viabilidade da utilização de moléculas como componentes em circuitos electrónicos.

Nos últimos anos, o ADN surgiu como uma molécula central na investigação em eletrónica molecular. Conhecido principalmente pelo seu papel no armazenamento de informação genética, as propriedades estruturais únicas do ADN também atraíram um interesse significativo para potenciais aplicações em dispositivos electrónicos. A estrutura de dupla hélice do ADN contém pares de bases que criam orbitais electrónicos empilhados, formando um canal de transmissão de electrões que faz do ADN um potencial condutor. A deslocalização de electrões através destes pares de bases permite que o ADN funcione como uma via de tunelamento ou de condução, indicando a sua adequação não só como portador de informação biológica, mas também como componente eletrónico.

Estas caraterísticas fazem do ADN uma molécula promissora na eletrónica molecular. A sua capacidade de afinação permite propriedades de condutividade variadas através de diferentes combinações de sequências e comprimentos. A capacidade de criar canais condutores a nível molecular e de conceber elementos de circuito à microescala apoia a utilização do ADN em dispositivos electrónicos como linhas de transmissão eficientes, mecanismos de comutação e plataformas de processamento de dados.

Em resumo, a adaptabilidade e as propriedades funcionais do ADN como componente de um circuito eletrónico têm o potencial de reduzir o tamanho dos dispositivos, melhorar a eficiência energética e conduzir a componentes de processamento de informação mais rápidos no futuro. Por conseguinte, as orbitais electrónicas empilhadas e a estrutura personalizável do ADN posicionam-no como um elemento fundamental para aplicações electrónicas moleculares nos próximos anos [57, 58].

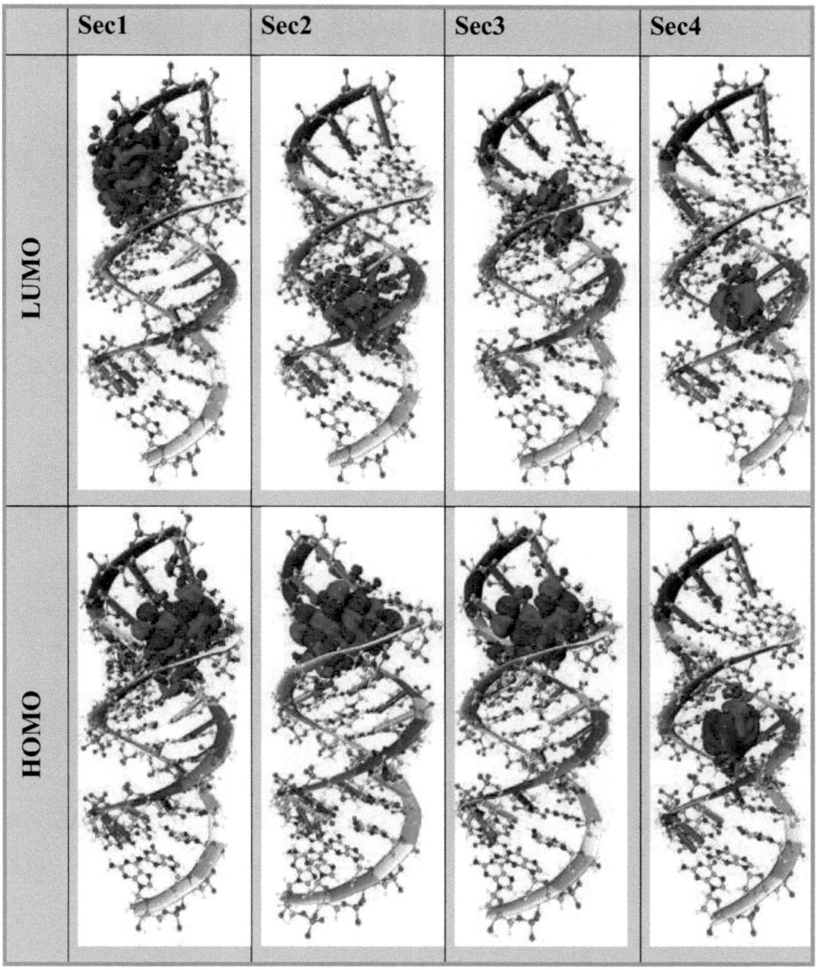

Figura 34. Estrutura complexa formada pela dopagem da *molécula de PBüEs* em quatro regiões diferentes (sec1..sec4) do ADN

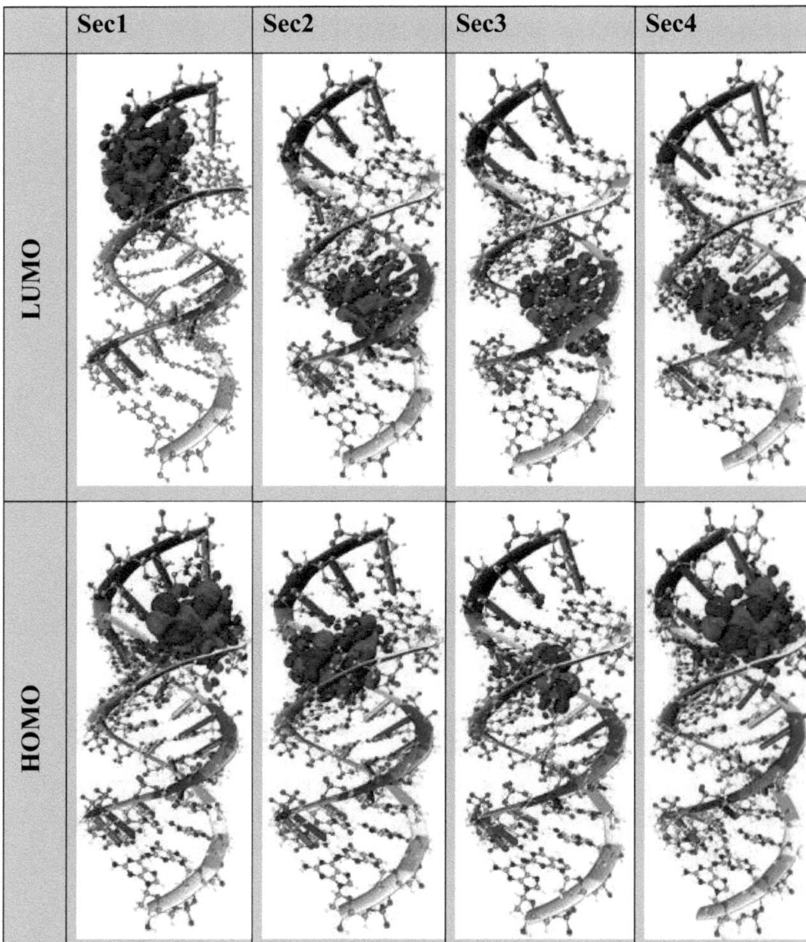

Figura 35. Estrutura complexa formada pela dopagem da molécula *PBüHy* em quatro regiões diferentes (sec1..sec4) do ADN

Com base nos dados da Tabela 9, podem ser obtidas informações significativas sobre os níveis de energia HOMO-LUMO e as lacunas em diferentes secções das moléculas *PBüEs* e *PBüHy*:

Lacunas de energia (ΔE):

Para os *PBüEs*, as diferenças de energia HOMO-LUMO (ΔE) variam entre 1,86 eV e 3,67 eV. Em particular, a Sec4 (1,863 eV) e a Sec3 (2,2308 eV) têm valores de ΔE mais baixos do que as outras secções, o que indica uma maior reatividade. Os valores mais baixos de ΔE sugerem uma maior sensibilidade às transições electrónicas, destacando estas secções como mais reactivas.

No *PBüHy*, os valores de ΔE variam entre 2,12 eV e 3,67 eV, com Sec2 (2,1203 eV) a apresentar o ΔE mais baixo, sugerindo que esta secção do *PBüHy* tem o potencial de reatividade mais elevado.

Estrutura eletrónica e estabilidade:

Os valores de ΔE também podem fornecer informações sobre a estabilidade relativa e os níveis de reatividade de *PBüEs* e *PBüHy. O PBüEs* apresenta uma gama de ΔE mais ampla (1,86 eV a 3,67 eV), enquanto *o PBüHy* apresenta uma gama mais estreita (2,12 eV a 3,67 eV). Isto sugere que *o PBüHy* tem uma estabilidade mais consistente em todas as secções, enquanto *o PBüEs* oferece maior diversidade eletrónica e potencial reatividade em diferentes regiões.

Implicações para as interações de ADN:

Interações PBüEs-DNA: As secções Sec1 e Sec2 têm valores HOMO semelhantes (-4,78 eV e -4,79 eV, respetivamente) e valores LUMO próximos de -1,12 eV, indicando um comportamento semelhante nas interações com o sulco principal do ADN. Os seus valores elevados de ΔE (3,65 e 3,67 eV) sugerem que estas secções são relativamente estáveis e podem formar interações electrónicas mais fracas com o sulco principal.

Em contraste, a Sec3 e a Sec4 têm valores HOMO e LUMO mais baixos, com o HOMO da Sec3 a -4,70 eV e o LUMO a -2,47 eV, resultando num ΔE de 2,23 eV. Este baixo ΔE sugere que a Sec3 pode apresentar uma maior reatividade no interior do sulco principal, envolvendo-se potencialmente em interações mais fortes com o ADN.

A Sec4, com uma energia HOMO de -4,18 eV e uma energia LUMO de -2,32 eV (ΔE = 1,86 eV), tem o ΔE mais baixo, indicando que pode ter o potencial de reatividade mais elevado no interior do sulco principal, formando provavelmente fortes interações electrónicas com o ADN.

Em geral, a variação nos valores de ΔE entre as secções *de PBüEs* sugere flexibilidade no potencial de ligação e reatividade em diferentes sítios de ligação ao ADN. As secções com baixo ΔE, como Sec4 e Sec3, podem ligar-se mais fortemente dentro da ranhura principal.

Interações PBüHy-DNA: Secl e Sec4, com energias HOMO de -4,79 eV e -4,78 eV, respetivamente, têm valores ΔE de 3,67 eV e 3,57 eV, indicando um baixo potencial de reatividade. Estas secções são susceptíveis de se ligarem de forma estável ao sulco menor do ADN com interações electrónicas mais fracas.

Em contrapartida, Sec2 e Sec3 têm valores de ΔE relativamente mais baixos: A Sec2, com um HOMO de -3,23 eV e um LUMO de -1,10 eV, tem um ΔE de 2,12 eV, o que sugere que pode apresentar interações electrónicas mais fortes no interior da ranhura menor. Sec3, com um HOMO de -4,51 eV, LUMO de -1,11 eV e ΔE de 3,40 eV, pode representar uma região estável dentro da ranhura menor.

O PBüHy apresenta níveis de energia mais estáveis e consistentes no interior da ranhura menor, enquanto o baixo ΔE em Sec2 sugere uma predisposição para interações com a ranhura menor, aumentando potencialmente a reatividade em sítios de ligação específicos.

Avaliação da reatividade:

Os baixos valores de ΔE de Sec4 e Sec3 em *PBüEs* indicam que estas regiões são mais propensas a transições electrónicas, com elevado potencial para interações com biomoléculas. Para *PBüHy*, o baixo ΔE em Sec2 sugere que é particularmente reativo e suscetível de se envolver com o sulco menor do ADN. Isto sugere que *o PBüHy* pode possuir uma estrutura bem adaptada para interações com, e potencial reatividade em, o sulco menor do ADN.

Tabela 9. Orbitais de fronteira e valores de energia das estruturas complexas formadas pela dopagem de duas moléculas em quatro regiões diferentes do ADN.

Ligando		HOMO (eV)	LUMO (eV)	ΔE (eV)
PBüEs	Sec1	-4.78240337	-1.1262798	3.656124
	Sec2	-4.79165525	-1.12165387	3.670001
	Sec3	-4.70158552	-2.47079503	2.23079
	Sec4	-4.18511317	-2.32167656	1.863437
PBüHy	Sec1	-4.79274371	-1.12110964	3.671634
	Sec2	-3.2280883	-1.1077761	2.120312
	Sec3	-4.51545955	-1.11784427	3.397615
	Sec4	-4.7843082	-1.2155332	3.568775

Os resultados deste estudo teórico oferecem contributos significativos para o desenvolvimento de novas estratégias de conceção de biossensores baseados no ADN e para a elucidação dos mecanismos moleculares das interações fármaco-ADN. As descobertas fornecem informações valiosas, particularmente para a compreensão das interações dos fármacos utilizados no tratamento do cancro com o ADN, bem como para o avanço da próxima geração de sensores de ADN. Além disso, os métodos e a abordagem computacionais utilizados neste estudo oferecem um quadro teórico eficaz que pode ser aplicado a sistemas semelhantes. Esta investigação estabelece uma base teórica robusta para futuros estudos experimentais, fornecendo novas perspectivas para o avanço da tecnologia de biossensores e da conceção de fármacos.

CONCLUSÕES

Neste estudo, as estruturas das moléculas *de PBüEs* e *PBüHy* foram elucidadas utilizando as técnicas de análise LC-MS, FT-IR,^{1} H-NMR,^{13} C-NMR. Estas análises forneceram informações estruturais detalhadas sobre os átomos de carbono e de hidrogénio das moléculas, desempenhando um papel fundamental na verificação das suas estruturas químicas. As estruturas moleculares do *PBüEs* e do *PBüHy*, juntamente com as suas interações com o recetor da proteína 8IGY, foram extensivamente examinadas utilizando métodos teóricos e de química computacional. As optimizações geométricas, os mapas de potencial eletrostático molecular (MEP) e as propriedades HOMO-LUMO revelaram conhecimentos significativos sobre os locais reactivos, as distribuições electrostáticas e as estabilidades químicas das moléculas.

Os principais resultados do estudo são os seguintes:

1. Níveis de energia HOMO-LUMO: *O PBüEs* e *o PBüHy* apresentaram níveis de energia HOMO-LUMO distintos, sugerindo que *o PBüEs* favorece a ligação ao sulco maior do ADN, enquanto *o PBüHy* apresenta uma maior afinidade pelo sulco menor. Esta diferença na distribuição eletrónica pode influenciar o seu potencial de ligação selectiva a diferentes regiões do ADN, com impacto nas suas actividades biológicas.

2. Docagem molecular e afinidade: Os estudos de docking mostraram que *o PBüEs* e *o PBüHy* interagem com o recetor 8IGY com afinidades variáveis. A afinidade de ligação mais forte foi observada com o co-ligando, seguido do *PBüHy* e depois do *PBüEs*. Esta descoberta apoia o maior potencial de ligação do *PBüHy* no sítio ativo do recetor, indicando a sua adequação para o desenvolvimento de medicamentos dirigidos a este recetor.

3. Estabilidade da dinâmica molecular: As simulações de dinâmica molecular validaram a estabilidade das posições de ligação obtidas a partir da acoplagem ao longo do tempo; o co-ligando apresentou a estabilidade mais elevada, seguido do *PBüHy*. Esta avaliação da estabilidade sugere que *o PBüHy* está bem posicionado para manter interações estáveis no sítio ativo.

4. Potencial para atividade biológica: Os mapas MEP e a análise da distribuição da carga eletrónica indicaram que *o PBüHy* pode apresentar uma maior reatividade química e uma

polarização mais pronunciada, sugerindo o seu maior potencial para interações eficazes com biomoléculas, o que o torna um candidato promissor para estudos biológicos e farmacológicos.

Globalmente, este estudo realça a importância dos métodos teóricos e computacionais na previsão e compreensão das interações moleculares com receptores biológicos. Os resultados sugerem que *o PBüHy*, com a sua reatividade equilibrada e potencial de ligação estável, é promissor para futuros estudos de conceção de fármacos dirigidos ao recetor da proteína 8IGY. Estudos futuros poderão centrar-se na conceção de derivados com perfis de atividade biológica optimizados com base nestes resultados.

REFERÊNCIAS

[1] Eliot, Andrew C., e Jack F. Kirsch. "Enzimas de fosfato de piridoxal: considerações mecanísticas, estruturais e evolutivas". *Revisão anual de bioquímica* 73.1 (2004): 383-415.

[2] Toney, Michael D. "Reaction specificity in pyridoxal phosphate enzymes" [Especificidade de reação em enzimas de fosfato de piridoxal]. *Archives of biochemistry and biophysics* 433.1 (2005): 279-287.

[3] Frederick, Aliya L., e Gregg D. Stanwood. "Drogas, alvos de aminas biogénicas e o cérebro em desenvolvimento". *Neurociência do desenvolvimento* 31.1-2 (2009): 7-22.

[4] Stapley, Benjamin J., e Trevor P. Creamer. "Uma pesquisa de hélices de poliprolina II canhotas". *Protein Science* 8.3 (1999): 587-595.

[5] Schut, Herman AJ, e Elizabeth G. Snyderwine. "DNA adducts of heterocyclic amine food mutagens: implications for mutagenesis and carcinogenesis." *Carcinogenesis* 20.3 (1999): 353-368.

[6] Skipper, Paul L., et al. "Monocyclic aromatic amines as potential human carcinogens: old is new again." *Carcinogenesis* 31.1 (2010): 50-58.

[7] Schut, Herman AJ, e Elizabeth G. Snyderwine. "DNA adducts of heterocyclic amine food mutagens: implications for mutagenesis and carcinogenesis." *Carcinogenesis* 20.3 (1999): 353-368.

[8] Bueno, Marco A., et al. "Uma nova piperazina: Estudos conformacionais espectroscópicos e teóricos." *Jornal de Estrutura Molecular* 1203 (2020): 127420.

[9] Evecen, Meryem, et al. "Investigações experimentais e teóricas, atividade de inibição enzimática e estudo de acoplamento de 5-metil-4-(2-(piperazin-1-il) etil)-2, 4-dihidro-3H-1, 2, 4-triazol-3-ona." *Journal of Molecular Structure* 1275 (2023): 134679.

[10] Frisch M, Trucks G, Schlegel HB, Scuseria G, Robb M, Cheeseman J, Scalmani G, Barone V, Mennucci B, Petersson G, 2009. Gaussian 09, revisão a. 02, gaussian. Inc., Wallingford, CT, 200.

[11] Becke, Axel D. "A new mixing of Hartree-Fock and local density-functional theories." *The Journal of chemical physics* 98.2 (1993): 1372-1377.

[12] Lee C, Yang W, Parr RG, 1988. Desenvolvimento da fórmula de energia de correlação de Colle-Salvetti num funcional da densidade eletrónica. Physical review B, 37: 785.

[13] Foresman JB, Frisch A, 1996. Explorando a química com métodos de estrutura eletrónica: um guia para usar o Gaussian.

[14] Dallakyan, S., Olson, A. J. (2015). "Triagem de biblioteca de pequenas moléculas por acoplamento com PyRx." Métodos em Biologia Molecular, 1263: 243-250. doi: 10.1007/978-1-4939-2269-7_19.

[15] Dassault Systèmes BIOVIA, Discovery Studio Visualizer, v20.1, San Diego: Dassault Systèmes, 2020.

[16] Van Der Spoel, D., et al. (2005). "GROMACS: rápido, flexível e gratuito". Journal of Computational Chemistry, 26(16), 1701-1718. doi:10.1002/jcc.20291.

[17] Artsukevich, A. Yu, e S. V. Lepeshkin. "Geração de cluster por meio de modelo baseado em energia profunda." *arXiv preprint arXiv: 2206.09002* (2022).

[18] Sutcliffe, Brian T. "A ideia de uma superfície de energia potencial". *Molecular Physics* 104.5-7 (2006): 715-722.

[19] Atkins, Peter W., e Ronald S. Friedman. *Molecular quantum mechanics*. Oxford University Press, EUA, 2011.

[20] Clayden Jonathan Jonathan Clayden, Nick Greeves, Stuart Warren, 2001. "Química orgânica".

[21] Gillespie, R. J., e P. L. A. Popelier. ""Chemical bonding and molecular geometry": comments on a book review." *Angewandte Chemie International Edition* 42.29 (2003): 3331-3334

[22] Carey, Francis A., e Richard J. Sundberg. *Advanced organic chemistry: part b: reactions and synthesis*. Vol. 3. Nova Iorque: Springer US, 2007.

[23] Anslyn, E. V. *Química Orgânica Física Moderna*. Vol. 227. University Science Books, 2006.

[24] Yao L, Vögeli B, Ying J, Bax A. NMR determination of amide N-H equilibrium bond length from concerted dipolar coupling measurements. J Am Chem Soc. 2008 Dec 10;130(49):16518-20. doi: 10.1021/ja805654f. PMID: 19049453; PMCID: PMC2670607.

[25] Leach, Andrew R. *Molecular modelling: principles and applications (Modelação molecular: princípios e aplicações)*. Pearson education, 2001.

[26] Mol, GP Sheeja, D. Aruldhas, e I. Hubert Joe. "Reatividade química, potencial eletrostático molecular e análise in silico do fungicida benzimidazol benomil". *Heliyon* 8.11 (2022).

[27] Fukui, Kenichi. "Papel das orbitais de fronteira nas reacções químicas." *science* 218.4574 (1982): 747-754.

[28] C. Selvaraj, S.K. Singh, Validação de potenciais inibidores para SrtA contra Bacillus anthracis por abordagem combinada de simulação de dinâmica molecular e baseada em ligandos, Journal of Biomolecular Structure and Dynamics 32(8) (2014) 1333-1349.

[29] Er, M, Ergüven, B,. Tahtaci, H., Onaran, A., Karakurt, T., Ece, A. Síntese, caraterização, SAR preliminar e estudo de ancoragem molecular de alguns novos derivados de imidazo [2, 1-b] [1, 3, 4] tiadiazol substituídos como agentes antifúngicos, Pesquisa em Química Medicinal 26 (3) (2017) 615-630.

[30] Durrant, Jacob D., e J. Andrew McCammon. "Simulações de dinâmica molecular e descoberta de medicamentos". *BMC biology* 9 (2011): 1-9.

[31] Badar, Mohammad Sufian, et al. "Molecular dynamics simulations: concept, methods, and applications." *Transdisciplinaridade*. Cham: Springer International Publishing, 2022. 131-151.

[32] D.A. Case, T.E. Cheatham, III, T. Darden, H. Gohlke, R. Luo, K.M. Merz, Jr., A. Onufriev, C. Simmerling, B. Wang e R. Woods. Os programas de simulação biomolecular Amber. *J. Computat. Chem.* **26,** 1668-1688 (2005).

[33] Tuckerman, Mark E. *Statistical mechanics: theory and molecular simulation (Mecânica estatística: teoria e simulação molecular)*. Oxford University Press, 2023.

[34] Allen, M. P., & Tildesley, D. J. (2017). *Simulação computacional de líquidos*. Oxford University Press.

[35] Israelachvili, J. (2011). *Intermolecular and Surface Forces (Forças Intermoleculares e de Superfície)*. Imprensa académica.

[36] Atkins, P., & de Paula, J. (2006). *Physical Chemistry*. Oxford University Press.

[37] McQuarrie, D. A., & Simon, J. D. (1997). *Molecular Thermodynamics*. University Science Books.

[38] Lee, B., & Richards, F. M. (1971). A interpretação das estruturas proteicas: estimativa da acessibilidade estática. Journal of molecular biology, 55(3), 379-400.

[39] Eisenhaber, F., Lijnzaad, P., Argos, P., Sander, C., & Scharf, M. (1995). "O Método da Malha de Cubo Duplo: Efficient Approaches to Numerical Integration of Surface

Area and Volume and to Dot Surface Contouring of Molecular Assemblies." *Journal of Computational Chemistry*, 16(3), 273-284.

[40] Lee, B., & Richards, F. M. (1971). "A Interpretação de Estruturas de Proteínas: Estimation of Static Accessibility" [Estimativa da acessibilidade estática]. *Journal of Molecular Biology*, 55(3), 379-400.

[41] Shrake, A., & Rupley, J. A. (1973). "Ambiente e exposição ao solvente de átomos de proteína. Lysozyme and Insulin". *Journal of Molecular Biology*, 79(2), 351-371.

[42] Richmond, T. J. (1984). "Área de superfície acessível ao solvente e volume excluído em proteínas: Equações analíticas para esferas sobrepostas e implicações para o efeito hidrofóbico". *Journal of Molecular Biology*, 178(1), 63-89.

[43] Kundrot, C. E., Richards, F. M. (1987). "Estrutura cristalina da lisozima de clara de ovo de galinha com resolução de 1,8 Å". *Journal of Molecular Biology*, 193(2), 563-578.

[44] Shrake, P. J., e Rupley, J. A. (1973). "Papel da ligação hidrofóbica na estrutura e função da proteína". Annu. Rev. Biochem. 42, 415-448.

[45] Lee, Y. T., e Richards, F. M. (1971). "A interpretação das estruturas proteicas: Estimativa da acessibilidade estática". J. Mol. Biol. 55, 379-400.

[46] Allen, M. P., e Tildesley, D. J. (1987). Computer Simulation of Liquids. Oxford University Press.

[47] Frenkel, Daan, e Berend Smit. "Simulações de Monte Carlo". *Understanding Molecular Simulation* 2 (2002): 23-61.

[48] Farhadian, Sadegh, et al. "Identification of SARS-CoV-2 surface therapeutic targets and drugs using molecular modeling methods for inhibition of the virus entry." *Jornal de Estrutura Molecular* 1256 (2022): 132488.

[49] Endres, Robert G., Daniel L. Cox, e Rajiv RP Singh. "Colóquio: The quest for high-conductance DNA". *Reviews of modern physics* 76.1 (2004): 195

[50] Kaushal, Jyoti Bala, Pratima Raut e Sanjay Kumar. "Eletrónica orgânica na biossensorização: uma fronteira promissora para aplicações médicas e ambientais." *Biosensors* 13.11 (2023): 976.

[51] Park, Jeong Ah, et al. "Recent advances in DNA nanotechnology for Plasmonic biosensor construction" [Avanços recentes na nanotecnologia do ADN para a construção de biossensores plasmónicos]. *Biosensores* 12.6 (2022): 418.

[52] Polymeropoulos, E. E. ve Sagiv, J., (1978). Electrical conduction through adsorbed monolayers, *J. Chem. Phys.*, 69, 1836-1847.

[53] Netzer, L. ve Sagiv, J., (1983). Uma nova abordagem para a construção de conjuntos de monocamadas artificiais, *J. Am. Chem. Soc.*, 105, 674-676.

[54] Nitzan, A. ve Ratner, M. A., (2003). Transporte de electrões em junções de fios moleculares: uma introdução, *Science*, 300, 1384-1389.

[55] Kagan, C. R. ve Ratner, M. A., (2004). Junções de transporte molecular: uma introdução, *MRS Bull*, 29, 376-384.

[56] Akın, Çağlanaz. Moleküler katkılamaların DNA'nın moleküler yapısı ve elektriksel iletkenliği üzerindeki etkilerinin incelenmesi. Tese de mestrado. TOBB ETÜ Fen Bilimleri Enstitüsü, 2020.

[57] Arkin, M. R., & Stulz, E. (2004). *O ADN na eletrónica molecular. Current Opinion in Colloid & Interface Science*, 9(6), 378-384.

[58] Endres, Robert G., Daniel L. Cox, e Rajiv RP Singh. "Colóquio: The quest for high-conductance DNA". *Reviews of modern physics* 76.1 (2004): 195.

MIX
Papier aus verantwortungsvollen Quellen
Paper from responsible sources
FSC® C105338

Printed by Books on Demand GmbH, Norderstedt / Germany